·博物君导读版·

小故事 大道理 全集

GREAT WISDOM IN SMALL STORIES

主编/邢 卓

天地出版社 | TIANDI PRESS

《小故事大道理全集》

博物君导读小报

- ______月______日 开始阅读
- ______月______日 结束阅读

阅读难度：☆☆☆☆☆

喜爱程度：☆☆☆☆☆

阅读目标

- ☐ 品读动人的故事
- ☐ 感悟人生的哲理
- ☐ 学习写作的技法
- ☐ 汲取信心和勇气

阅读建议

时间安排

建议用四周时间完成本书的阅读。

第一周

通读第一批故事（任选19个故事）。俗话说：“不动笔墨不读书。”学会做读书笔记，是一种高效的读书方法。建议：每读完一个故事，就及时总结出故事梗概、故事哲理、写作技巧，并从文中摘录一些好词好句（或者写一段读后感悟）。

第二周

通读第二批故事（任选19个故事）。读法同第一周。

第三周

通读第三批故事（任选19个故事）。读法同第一周。

第四周

通读第四批故事（余下的19个故事）。读法同第一周。

阅读策略

1.读书让人明理。你可以从书中摘录十几条“爱的箴言”，作为时刻鞭策自己的座右铭。

2.选取一个自己最喜欢的故事，写一篇读后感，记录自己的想法和心得。

本书知识路线图

阅读与思考

1

“艾米的愿望”是什么？“哥哥的心愿”是什么？

2

请问，世界上真的有“打往天堂的电话”吗？

3

“美丽的谎言”指什么？特殊的“体罚”指什么？

4

说一说，你最喜欢书中的哪篇小故事，为什么？

序言/FOREWORD

青春之路并不总是风和日丽、事事顺心，偶尔也会有不如意的时候，这时我们就需要智者的点拨，以重获信心和勇气。为此我们精心编撰了这本《小故事大道理全集》，希望大家可以从小故事中得到智慧的启迪。

本书精心选取了近百则经典小故事，内容涉及生活中的方方面面。它们寓意深远，文学气息浓厚。为了让青少年朋友更好地理解故事中的内涵，我们还为每个故事精心提炼出了一则引言和“爱的箴言”，将故事蕴涵的哲理传递给大家。相信青少年朋友在阅读之余，定能从中获得生活的感悟和人生的道理。此外，我们还为故事选配了大量精美典雅的插图，给大家营造了一种清新隽永的阅读氛围。

愿本书能让你得到启迪，收获智慧。

语文特级教师　洪艳

目录/CONTENTS

艾米的愿望

文/阿兰·舒兹［美］

一个小小的愿望，就是一粒饱含希望的种子，让我们一起用爱来培植它吧，直至这个美丽的愿望开花。

当艾米从教室拐角处一瘸一拐地穿过走廊时，她迎面撞上了一个正从五楼冲下来的高大男孩。男孩得意地笑着，学着艾米的样子，撑住他的右腿一瘸一拐的。艾米厌恶地闭上眼睛。“别理他。”她告诫自己。

直到晚上，那个男孩讥笑的表情仍然影响着她的情绪。这已经不是第一次了。从艾米读三年级开始，几乎每天都有人那样取笑她。孩子们笑她讲话结结巴巴，走路一瘸一拐。对此，艾米烦恼极了。

那天回到家，艾米坐在饭桌旁一言不发。妈妈知道艾米在学校里肯定又出事了，所以她决定和女儿分享一些有趣的消息。

“电台上有个圣诞愿望比赛，”她说，“写一个愿望给圣诞老人，就可能得奖，我想此刻坐在饭桌旁的那个金发小女孩也该试试。”艾米笑了。一个念头浮上脑海，艾米开始给圣诞老人写信：

亲爱的圣诞老人：

我叫艾米，今年9岁，我在学校有个麻烦，您能帮我吗？他们都笑话我走路和说话的样子。我患了脑瘫，我真希望有一天他们不再取笑我，您能实现我的愿望吗？

爱你的艾米

举办圣诞愿望比赛活动的电台，收到了从全国各地寄来的成堆成堆的信。当艾米的信送到电台时，台长仔细地读了一遍又一遍。他认为，让全城的人知道这个特别的女孩和她不同寻常的愿望对他们都有好处。

第二天，艾米的照片和她给圣诞老人的信被登在《新闻岗哨报》的醒目位置，故事很快传遍了全国，所有的报纸、电台和电视台都争相报道。

一时间，邮递员开始频繁光顾艾米的小屋。每天，她都会收到全国各地寄来的信，信中写着对她的祝福。在那个难以忘怀的圣诞节，几乎有20万人从世界各地为艾米送来了友谊和鼓励。从这些陌生人寄来的卡片和信件中，艾米高兴地看到这个世界充满了互相关爱的人，从今以后，她不会再孤单。艾米真的如愿了，那一天，没有一个人取笑她。

那一年，艾米家所在市的市长把12月21日这一天命名为艾米日。市长说，艾米的这个愿望教给人们最深刻的做人道理。“每个人，”他说，“都希望得到别人的尊重、理解和关爱。我们有责任去实现这个最美丽的愿望。”完

写作技巧 / Writing Skill

由小及大、由点及面的手法值得借鉴：艾米的愿望公开后，犹如一粒石子投入水中，引起了人们的广泛关注，进而得以实现。由小及大、由点及面的手法使得本文既有深度，又有广度。

爱的箴言 / Loving Speaking

一个小小的愿望，寄托的是一份对爱的希冀和渴望，需要我们用祝福和温暖去承载。尊重生命、关爱他人，是我们守护心灵家园，维护人格和尊严的体现。

爱的礼物

文/佚名

一条带着心形吊坠的金链子戴在了我的脖子上，
它让我感受到了爷爷和姐姐双倍的爱。

现在是圣诞节凌晨4点。姐姐叫醒了我，我们用最快的速度轻手轻脚走过大厅。屋子的最里面，爸爸、妈妈正安静地睡着。这一天我等了整整一年，一天一天地在日历上做记号、数日子。我简直控制不住自己，我最想做的就是拆开我的圣诞礼物。

当我们走进小房间的时候，我的第一感觉就是冲向那些堆成一圈的礼物，但有某种东西让我犹豫了。我带着一种不可思议的心情欣赏着房间，希望这一刻能够永远留存。姐姐在我旁边静静地站着，我们盯着那棵美丽的圣诞树。树上灯光闪烁，装饰品闪闪发光，而我们的金色小星星正轻盈地挂在树尖上。这是我见过的最美妙的景象了。

在旁边的桌子上，我们留给圣诞老人的小甜饼已经不见了，那里只留下了一张小纸条，上面写着："谢谢你们，祝圣诞快乐。"我吃惊地瞪大了眼睛，我终于找到了圣诞老人存在的证据。就在这时，姐姐递给我一个小包裹。"这是我送你的礼物。"她轻声地说，腼腆地笑着。

我用颤抖的手指慢慢地打开包裹，里面放着姐姐最喜欢的项链。那是一条带着心形吊坠的金链子，是两年前爷爷送给姐姐的礼物。在我眼前，顿时浮现起当时的情景，而圣诞老人的纸条则暂时被遗忘在一边了。

姐姐用手臂揽过我，说："他原先是打算今年也送你一条的，但是……"她顿了一下，轻轻擦了擦眼睛，继续说："可惜，他没有这个机会了。"爷爷是在复活节早晨去世的——突发的心脏病夺去了他的生命，这是对我们全家的巨大打击。那几天妈妈总是躲在人后，偷偷地掉眼泪。姐姐故作轻松地耸了耸肩膀，说："所以，你应该接受我的礼物。"

我小心地捧着项链，仿佛它是用世界上最纯的黄金做成的。它看起来比圣诞树上的灯光还要闪亮。“让我帮你戴上它吧。”姐姐一边说，一边把项链戴在我的脖子上。

那颗心形吊坠紧贴着我的皮肤，感觉很温暖，就好像它有生命一样。爷爷仍然活在我的心里。“你就把这当作是爷爷带给你的惊喜吧。”姐姐对我说，她仿佛看透了我的心思。我抓住她的手，用尽力气紧紧拥抱着她。

两小时后，爸爸、妈妈走进小房间，他们看到了一棵美丽的圣诞树、一打未拆封的礼物，还有两个紧紧相拥的姐妹。

写作技巧 / Writing Skill

立意新颖，情节曲折：在圣诞节的凌晨，姐姐把一条爷爷原来送给她的金项链转送给了“我”。一条金项链，既有祖孙情，也有姐妹情。作者以曲折的情节反映了亲情可贵的主题，让人感动。

爱的箴言 / Loving Speaking

姐姐将一条爷爷给她的金项链转送给了“我”，帮“我”实现了圣诞梦想。姐妹深情、祖孙深情，尽在这无私的馈赠中。其实“爱的礼物”就是可贵的亲情，它让我们永远感动。

爱，和时间赛跑

文/静然［美］

为了爱而放弃，那是为了弥补生命的缺憾；
为了爱而争取，那是为了让生活更美好。

我的好友M怀孕7个月了，她为了保住自己在旅行社的职位，问我愿不愿意代替她工作一段时间。我来美国不久，很渴望接触社会，便毫不犹豫地答应了。M的工作是接听电话、帮助客户安排旅游计划和回复电子邮件等。她给了我一份她的客户名单，是她工作近两年积累起来的，约有60位。她再三关照我，要给这些客户最优惠的待遇。

一天，来了一个西班牙裔的美国人弗雷多，是M的客户之一。他衣着不怎么考究，鞋子边缘有一圈脏痕，我第一感觉他是个蓝领。果然，弗雷多说他曾是一家物流公司的仓库工人，刚刚递交了辞职书。我快速

查阅了客户记录，发现弗雷多仅在前年圣诞节期间订过一次短途双程机票，看来他不是一个经常旅游的有闲人士。这次，他想去哪里旅行呢？

“今天是为我儿子来订票的，我辞职就是为了陪儿子旅游。”弗雷多平静地说，像个财大气粗的人。“小姐，”弗雷多有些迟疑，“我要预订的行程会很复杂，要麻烦你多多费时、费心。”

把复杂的旅游安排得妥帖，我喜欢这样的挑战。我自信地说：“我会做到您满意为止。”

“我的儿子今年9岁，他爱好体育运动，特别是足球。他是一个好孩子，可是3个月前……”弗雷多停了一下，接着一字一顿地说，“医生诊断他患了严重的青光眼，视神经开始萎缩，不久将要失明。”

弗雷多眼里流露出一丝痛苦的神色，我的心也打了一个冷战。9岁，这么年少，失明，怎么能接受呢？

“你知道，小孩子患上青光眼，不痛不痒、不红不肿的，就像没事一样，只是视物日渐不清楚。我们只顾工作赚钱，发现得太晚了，我们做家长的对此是有责任的，所以我辞职了，我想用尽可能多的时间来陪我的儿子。有些人认为我不应该辞职，其实这些都不算什么，工作可以从头来过……”

“听到这个消息，我也非常难过，”我说，“请告诉我，你们还有多少时间？您有哪些要求？”

“只有4个月左右，还要考虑因为旅途疲惫所需休整的时间，这可能会占行程的30%。说实话，我和太太都喜爱旅游，但经济条件不允许我们游山玩水。这次，为了节约经费，我太太放弃了同行，就我和儿子两个人。我们打算去欧洲的几个国家。我要带儿子去瑞士滑雪，之前我一直觉得这是等他再大一点可以做的运动；我要带他去澳大利亚看看世界七大奇迹的大堡礁，看看海底世界；我还要带他去看中国的万里长城。如果还有更多的时间，我还想让他去看看别人是怎么生活的。为了节省时间，也为了我儿子的身体，我只能让他坐最好的舱位，这本应是他成年以后靠自己的能力才能得到的享受，现在只能由我和我太太代做了。我希望儿子在他看不见之前好好感受一下这个世界，看看世界各地的美景，看看别人的生活，希望他在以后的日子里仍旧能够感受到那些看见过的精彩事物。”弗雷多的眼里闪现出憧憬，但转瞬忧郁又折返回来。

“您真是一个好父亲啊！”我由衷地感叹道，“请给我一天时间。”有一种爱，是要拿像生命一样宝贵的时间来做代价的。如此不寻常的旅程，需要一条和时间赛跑的最佳线路。弗雷多走了以后，我与有经验的同事商量，和M通

了电话，所有的协作单位都愿意为弗雷多父子俩开一连串特殊的绿灯。

第二天，弗雷多就收到了旅行社专门为他和儿子设计的全程安排，他非常满意。想着即将出发的两个人，一对骨肉相连的父子，两个热爱生活的人，在旅途中将有几多依恋、几多艰辛！我在心底默默地为他们祝福。4个月后，弗雷多和他儿子回来了。

据说，他的儿子在旅行的最后几天已完全失明，最后一段行程是苦泪交加的日子。

写作技巧 / Writing Skill

精彩的标题是文章灵魂的升华：故事中父亲做出的一切，其目的只有一个，就是为儿子争取时间留存一生无憾的记忆。因此，作者拟下“爱，和时间赛跑”这个富有诗意的标题，使文章的意境和主题大大提升。

爱的箴言 / Loving Speaking

爱，是一种最无私的奉献，父爱、母爱更是一种源自生命的付出。尽管，爱因为深沉而不被察觉，尽管爱来得迟了些，然而那一刻，父母为孩子倾其所有的付出，不能不让我们深深感叹：人世间最伟大的情感，莫过于父母之爱了吧！

爱要了解

文/佚名

只有心与心的交流，
才能融化亲人间误解的坚冰，迎接爱的新生。

现在，我面临着一个决定。当我把洗好的衣服分别放进各个卧室的时候，无意中发现了我那13岁妹妹的日记本。它像一个现代的潘多拉盒子，里面充满了诱惑。我该怎么办呢？我一直都很嫉妒妹妹。她拥有迷人的微笑、可爱的个性，并且多才多艺，这些都威胁着我在家中的地位。我暗暗地和她较劲，越发憎恨她的才能。因此，我总是找机会批评她，并且急切地想超过她。现在，她的日记就放在我的脚边，我没有细想打开的后果。我考虑的既不是她的隐私权或我的行为的道德性，也不是可能会带给她的伤害。我只不过想知道是否有这样一种可能性——从日记中查到一些罪证，来打破我的竞争者一贯优秀的记录。我给自己找了个借口，把自己的坏念头定义为姐姐的职责。检查她的一言一行，是我作为姐姐的责任。如果不这么做，才是错误的。

我有点迟疑，几次碰了碰地板上的日记本，但最终还是打开了它。我飞快地翻着书页，寻找我的名字，确信一定能找到一些蛛丝马迹。可是当我往下看时，血液一下子冲上了我的头，因为我看到的比我想象的还要坏。我感到一阵晕眩，瘫坐在地板上。日记里既没有阴谋，也没有诽谤，只有她对自己的简单陈述、她的人生目标和梦想，其中还描述了一个对她影响和鼓励至深的英雄。我开始哭了。

我就是她所描述的那个英雄。她崇拜我的个性、我的成就，让我觉

得有点讽刺意味的是，她还崇拜我的正直。她的理想是成为像我这样的人。这些年来，她一直在悄悄地观察我的一言一行。我没有勇气继续读下去了。由于对她的误解，我花了太多的精力和她作对了。

我浪费了这么多年的时间来憎恨一个有魅力的人，而现在还践踏了她对我的信任。于是我暗下决心，再也不犯这样的错误。

妹妹日记中真诚的话语融化了裹在我心上的坚冰，我认为我应该重新去了解她。在那个意义不一般的下午，我把洗好的衣服放在一边，站起来准备主动去找她。这一次，我是去感受而不是审判，是去拥抱而不是争斗。毕竟，她是我的亲妹妹啊。

写作技巧 / Writing Skill

细致入微的内心独白，使文章读来细腻感人：原本妒嫉的姐姐偷看了妹妹的日记，最终认识到自己的错误，准备主动和妹妹捐弃前嫌。作者将姐姐的心理转变过程以内心独白的形式细致展开，一路读来可谓真实感人。

爱的箴言 / Loving Speaking

可爱的妹妹用真诚的文字，也是发自她心底真诚的声音，化解了裹在姐姐心上的坚冰。爱的确是要了解的。当你真正洞悉亲人那火热而真挚的爱心，当你真正明了亲人那博大而宽容的胸怀，你就会被爱的力量所征服，心甘情愿做一个爱的俘虏。

爱中有天堂

文/崔浩

仅仅因为彼此喜欢和乐意，他们真心真意地想在一起。
风雨同舟的纯真友谊，就是天堂之爱。

两个小男孩是最好的小伙伴。在欢乐的童年时光，他们一起唱着歌曲长大。后来，两人一起进入了同一所小学，仍然形影不离。

那一天是个很普通的日子，他照样去找小伙伴一起上学，却发现小伙伴家家门紧闭，空无一人。听邻居说，小伙伴得了一种急病，已被家人送到了医院。他二话没说，背起书包就往医院跑，跑得筋疲力尽。他终于看到了躺在病床上的小伙伴，小伙伴全身虚肿，痛苦不已。他问小伙伴还上不上学去，回答他的是不知所措的哭声。

他一个人去了学校。失去了小伙伴的他变得有些闷闷不乐。小伙伴患的是一种无法直立行走的病。想到小伙伴因不能走路而失去了上学的机会，该有多么伤心和寂寞，他很替小伙伴感到惋惜和难过。

他终于做出了一个决定：每天背着小伙伴上学和放学回家，只为了与小伙伴在一起的欢乐和乐趣，只为了小伙伴能够上学并且开心。父母反对，因为怕他承担不起，更怕影响他的学业。小伙伴的父母反对，因为他们承受不起，他们也担心会影响他的学习和生活。只有小伙伴高兴，两颗童心的碰撞简单而纯粹，少了世俗与顾虑，仅仅因为他们喜欢和乐意，他们真心真意地想在一起。

他开始背着小伙伴迎来日出，送走晚霞。他拒绝了所有同学的帮助，用他瘦弱的身躯去背负因为患病而肥胖许多的小伙伴。小伙伴也拒绝让别的同学背，因为小伙伴认为，只有他的背更安全、更可靠、更值得信赖。

从小学到初中，无论风霜雨雪，他从未间断接送小伙伴的任务。几年的路程，洒落多少汗水，他从未想过要求小伙伴家中为他做些什么，而小伙伴也从未向他表示过感谢，他们一如既往地做最要好的朋友。

然而有一天，他得了白血病，急需许多钱和大量血液。小伙伴的父母起初也送了一些钱过来，但是后来病情不见好转，他的父母就不敢再

送钱了。小伙伴得知他需要输血时，毫不犹豫地把胳膊向前伸去，说："把我的血输给他。他病好后还要再背我上学呢！"一句话说得他的父母大为惭愧，拿出了所有积蓄为他治病。

高尚的行为其实都很平常，平常到就如同两颗少年的心的碰撞，这样的喜欢和爱，就是我们一生为之不懈追寻的天堂之爱。而这样的天堂，就在我们的内心深处，就在我们被遗落的童年时代。天堂并不在遥不可及的天上，如果我们曾经用心，曾经毫无保留地去对一个人好，那么我们就会发现，身边有爱，爱中有天堂。

写作技巧 / Writing Skill

结尾抒情，点明题旨：在讲述了一个感人的友情故事后，文章以一段抒情性的文字结尾。这段饱含感情的文字不仅具有感染人的力量，而且升华了文章主题，读来耐人寻味。

爱的箴言 / Loving Speaking

有位诗人说："友谊，是一把雨伞下的两个身影，是一张课桌上的两对明眸，是理想土壤中的小花，是宏伟乐章上的两个音符。" 朋友是漫漫人生路上的彼此相扶、相持，生命之树因为有了朋友的相伴而长青。

把金牌熔掉

文/郝冰艳

把金牌熔掉，你就会发挥出最佳水平；
把金牌熔掉，你就会抛却狭隘的观念，将大爱施与人间。

这是发生在1936年柏林奥运会上的一件事。当时最有希望夺得跳远金牌的是美国黑人选手杰西·欧文斯。他是当时的一位田径天才，一年前，他曾跳出8.13米的好成绩。

预赛开始后，名叫卢茨·朗格的德国选手第一跳就跳出了8米的不俗成绩。卢茨·朗格的出色发挥使欧文斯很紧张。第一次试跳，欧文斯的脚超过起跳板几厘米，被判无效。第二次试跳还是如此。如果第三次仍然失败，他将被判出局，无缘决赛。可欧文斯显然还是无法使自己平静下来，只要他被淘汰，决赛中的冠军就非卢茨·朗格莫属了。可是卢茨·朗格没有选择金牌，他选择的是友谊。他走过去拍了拍欧文斯的肩膀说：“你闭上眼睛都能跳进决赛，你只要跳7.15米就能通过预赛。既然这样，你就根本不用踩上跳板再起跳——你为什么不在离跳板还有几厘米的地方做个记号，就在记号处开始起跳？这样，你无论如何也不会踩线了。”欧文斯照卢茨·朗格的话做了，轻松进入决赛。在决赛中，他发挥出应有的水平，夺得了冠军。夺冠后第一个上前向他祝贺的是卢茨·朗格。

后来，欧文斯在他的传记中深情地写道：把我所有的金牌熔掉也不能锻造我对卢茨·朗格的纯金友谊。而在我熔掉金牌之前，卢茨·朗格早已在心中把他的金牌熔掉了。

写作技巧 / Writing Skill

巧设悬念，增强文章吸引力：作者在文章开篇刻意交代杰西·欧文斯最有希望夺得金牌，但是接下来的叙述给人的感觉却是有可能会出现变数。这种写作方法，能抓住人们的好奇心理，吸引读者阅读。

爱的箴言 / Loving Speaking

面对金牌和友谊，卢茨·朗格毫不犹豫地选择了友谊，那是因为友情是人与人之间的一种美好情感，它比金牌更珍贵，值得我们一生去追求。

必须承受的痛苦

文/爱默生 [美]

学会直面痛苦的人，
才能真正地成长起来，才懂得用微笑迎接美好未来。

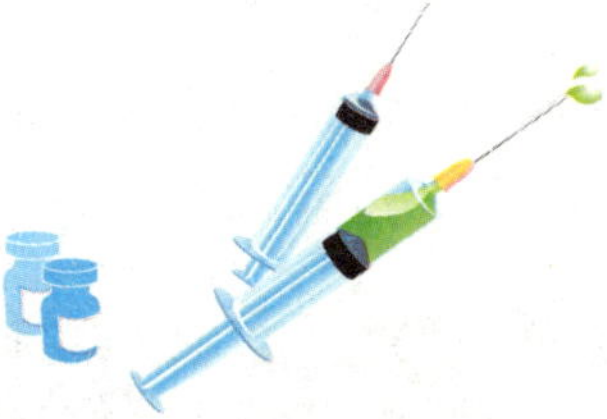

鲍勃3岁半的女儿扁桃腺发炎，开了10针青霉素，上午8点、下午3点，一天两针。

头两天是妻子带她去打针，女儿不肯去。妻子就骗她，说不打针，哄着抱她下楼。

当针头扎进小屁股蛋时，疼痛加上被欺骗的愤怒，女儿无法承受，哭得惊天动地，大夫直担心孩子会闭过气去。

女儿哭，妻子也垂泪。妻子实在受不了了，第三天死活不干了，把担子卸给了鲍勃。

鲍勃对着坐在床上翻图画书的女儿说："乖，咱们去打针。"

女儿可怜巴巴地望着鲍勃，声音沙哑地说："爸爸，打针很疼。"

鲍勃坐下来说："疼也得打呀。要不你的病好不了，上不了幼儿园，爸爸、妈妈也上不成班，得在家看着你。不上班就没有钱，怎么给你买玩具和好吃的？""那我以后不要玩具和好吃的还不行吗？"

鲍勃停下来，给她时间思考。而且，鲍勃从不骗孩子。

女儿想了片刻，终于无可奈何地张开双臂叫鲍勃抱，并说道："爸爸，咱们去吧。"

打针时她又哭了，不过不厉害，针没拔出来已哭完了。

女儿睡了个大午觉。下午2点多鲍勃去卧室门口看了一眼，她已醒了，瞪着两只眼睛瞅着天花板，聚精会神不知在琢磨什么。鲍勃没打搅她。3点了，鲍勃关上客厅的电视，起身去卧室。女儿睁着眼。可她一看见鲍勃，马上说："爸爸，我困了，现在要睡觉了。"然后，闭目装睡。斜阳照在女儿紧张的小脸上，楚楚动人。

鲍勃一阵感动——

原来她不知动了多长时间脑筋，才想出这么个自以为是的办法以逃避打针。

“不行！回来再睡。”鲍勃硬着心肠拉她起来穿外套。

抱着女儿慢慢往医院走，鲍勃对她说：“乖，不是爸爸不疼你，可人活着就有很多事、很多痛苦，只能自己去承受，谁也替不了你。”

女儿似乎懂了，因为鲍勃感到她的小脸好像刚毅起来。

这一针，她没哭，嘴唇哆嗦着，却一滴眼泪也没掉。

第二天上午8点，鲍勃刚要开口，女儿突然拿着注射单和针药站在鲍勃面前，说：“爸爸，咱们去打针！”

写作技巧 / Writing Skill

对话与细节描写相结合，使情节更生动：小女孩从惧怕打针到主动去打针，这一转变与父亲一次次苦口婆心的劝导有关。同时，小女孩的表情、动作和语言，这些细节描写不但非常符合人物身份，而且推动了情节发展。

爱的箴言 / Loving Speaking

人的一生注定要经历很多痛苦，有些痛苦可以逃避，更多的痛苦则无法逃避。谆谆父教，句句汇入女儿心头。不经历风雨，怎么见彩虹？女儿学会了听“话”，开始真正长大！

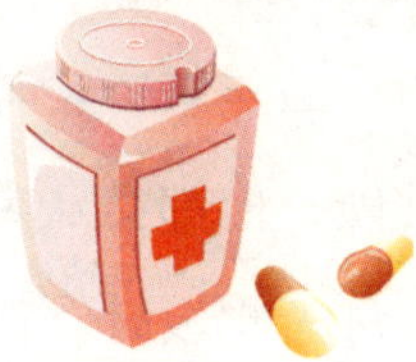

毕业的礼物

文/吴跃明

用一颗感恩的心，来报答同学们长久以来给予的点点关怀，
这份礼物弥足珍贵。

四年寒窗，就要分别，不少人都在准备毕业的礼物送给同学。我发现只有林志默默地坐在一边。我知道他家里穷，没有钱买什么礼物送给同学。

看到他这样，我们就停止谈礼物的事。他见我们沉默了，就笑笑，说："我也要给大家一份礼物的。"我们劝他："没必要啊，有这份心意就行了。"他说："我是真心的。"

林志和我是一个寝室的。四年来，我们朝夕相处。因此，他的情况我比较清楚。每次开学的时候，他都会从家里带两罐子腌萝卜、腌咸菜来，不为别的，就为下饭。每天吃饭时，他只打白饭，然后就回寝室吃

他的腌咸菜。尽管如此，他还是节省着吃，尽量让腌咸菜吃得久一点。可再怎么节省也吃不了一学期呀。看到他吃白饭的时候，同学们都会自觉地资助一点饭菜票给他。我呢，因住在市内，时不时地会从家里带点鱼呀肉呀什么的，让他尝尝荤。星期天，我们住市内的同学也会轮流邀他到家里玩，其实也有让他改善伙食的意思。

冬天的时候，他穿着单薄，同学们会把自己家的衣服送给他，虽然都是旧的了，可大家知道，林志需要。可以说，四年来，班里的35名同学中，有34名帮助过他。

虽然家境贫寒，可林志学习很用功，在我们打牌、聊天、听音乐会或者谈恋爱的时间里，他不是在教室就是在图书馆。而且，他还会把自己点点滴滴的感受写成文字，寄到报社发表。他用得到的稿费来交学费或买书，我们也曾戏言过要他请客，但我们一次也没真要他请过。我们知道，每一笔稿费对他来说都很重要。

毕业典礼就在我们的教室举行，同学们互写赠言、互送礼物。四年里，虽然也有恩怨也有辛酸，可想到马上就要天各一方，再也没有这样相聚一起的时光了，心头都不免有些酸楚。

这时候，我发现林志不见了。林志呢？正当我们要寻找他时，他抱着一摞笔记本进来了。他往每人手里塞了一本。然后，他走上讲台，打开笔记本并举着说："这是我四年来发表的作品，我精选了35篇出来。我发现，每个同学都给过我帮助，每个同学的关怀我都用笔记录了下来。我把它们复印并贴成了35本笔记本。大家给我的帮助我无以回报，但这些真挚的情感会一辈子留在我心里！"他深深地鞠躬，久久没抬起头来。等他抬起头时，我发现他已热泪盈眶。

我们都被感动了。我们当初的付出真的是微不足道，但我知道，因为有了这个特殊的礼物，我们之间的友情，变得更加珍贵了。

写作技巧 / Writing Skill

巧用插叙，结构错落有致：在讲到毕业前互送礼物时，作者笔锋一转，对林志家境贫寒、同学对其帮助、林志发表作品等进行补充叙述，最后文章又与林志的感恩表白相衔接，至此，文章水到渠成，浑然一体。

爱的箴言 / Loving Speaking

35本笔记本，记载的是爱与回馈的故事，年轻的心因为这份情而联系在一起。常言说，"滴水之恩，当涌泉相报"，同学对我们的些许帮助，我们都应该铭记心间。常怀一颗感恩的心，你会收获更多的感动。

便当里的头发

文/李美爱 [韩]

当爱与被爱同时为对方所理解和接受的时候，
这便是一种幸福。

在那个贫困的年代里，很多同学往往连带个像样的便当到学校上课的能力都没有，我邻座的同学就是如此。他的饭菜永远是黑黑的豆豉，我的便当却经常装着火腿和荷包蛋，两者有着天渊之别。而且这个同学，每次都会先从便当里捡出头发之后，再若无其事地吃他的便当。这个令人浑身不舒服的发现一直持续着。

“可见他妈妈有多邋遢，竟然每天饭里都有头发。”同学们私底下议论着。为了顾及同学自尊，又不能表现出来，总觉得好肮脏，因此我对这同学的印象，也开始大打折扣。

有一天学校放学之后，那个同学叫住了我："如果没什么事就去我家玩吧。"我虽然心中不太愿意，不过自从同班以来，他第一次开口邀请我到他家玩，所以我不好意思拒绝他。

我随他来到了位于汉城地形最陡峭的某个贫民村。"妈，我带朋友来了。"听到同学兴奋的声音之后，房门打开了。他年迈的母亲出现在门口。"我儿子的朋友来啦，让我看看。"但是走出房门的同学母亲，只是用手摸着房门外的梁柱。原来她是双眼失明的盲人。

我感觉到一阵鼻酸。同学的便当菜虽然每天都是豆豉，却是眼睛看不到的母亲小心翼翼帮他装的，那不只是一顿午餐，更是母亲满满的爱心，甚至连掺杂在里面的头发，也一样是母亲的爱。

写作技巧 / Writing Skill

托物言情，以小见大：起初那个同学因为便当里的头发被别人看不起，直到作者来到同学家中，才发现了头发的秘密。原来，一根头发见证了母爱。用这种写法写出的母爱真实生动，令人感动。

爱的箴言 / Loving Speaking

母亲的爱是丰盛的，它不因双目失明而有丝毫减少，也不因生活的贫困而有丝毫褪色。那根头发见证了母爱的无微不至，同学对头发的泰然处之则表达了对母亲的理解。

病房里的感动

文/张燕梅

亲情是无私的，爱心是无价的，
它们一同编织着人间真善美的绚丽彩虹。

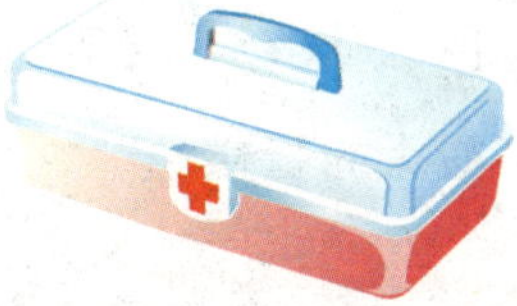

晚上9时，医院外科3号病房里新来了一位小病人。小病人是个四五岁的小女孩。女孩的胫骨、腓骨骨折，在当地做了简单的固定包扎后被连夜送到了市医院，留下来陪着她的是她的母亲。

大概是因为夜里，医院又没有空床，孩子就躺在担架上，放在病房冰冷的地板上。孩子的小脸煞白，那位母亲一直用自己的大手握住小孩的小手，跪在孩子的身边，眼睛一眨也不眨地盯着孩子的脸。

“妈妈，给我包扎的叔叔说过几天就好了，是不是？”“是！”母亲的脸上竟然挂着慈祥的笑，好像很轻松的样子。“妈妈，那要过几天？”孩子的声音很小。“用不了几天，孩子。”孩子没说话，闭上眼，眼泪流了出来。

过了一会儿，孩子说：“妈妈，我疼！”母亲弯下身子，把自己的脸贴在孩子的小脸上，用自己的脸擦干孩子的泪水。当她抬起头的时候脸上依然挂着那种轻松的慈爱的笑：“妈妈给你讲故事好吗？”孩子点点头，眼泪还是不停地流下来。

母亲讲的故事很简单：大森林的动物们都来给大象过生日。它们各自都送给大象珍贵的礼物，只有贫穷的小山羊羞怯地讲了一个笑话给大象，大象却说，小山羊给大家带来了欢乐，它的礼物是最值得珍惜的。

不知道母亲为什么选了这样一个故事。孩子的眼睛亮起来，她一边用手抹眼泪，一边用快活的声音说：“妈妈，它们有蛋糕吗？我过生日的时候你是不是也会给我买最大的蛋糕？”

“当然要买蛋糕，等你好了，出院的时候我们就一起去买蛋糕。”母亲的声音那样轻快，孩子也笑了。

“妈妈，再讲一遍。”于是，母亲就一遍一遍地讲下去，她的手一直握着孩子的小手，脸上依然挂着轻松的慈爱的笑。女孩终于忍不住了，眼泪再次流下来：“妈妈，我很疼！”孩子轻声哼起来。母亲一边给孩子擦眼泪一边问：“你想大声哭吗？”孩子点点头。病房里却是出奇的安静，不知道大家是不是都睡了。那时已经是夜里 11点多了。

“让妈妈陪着你一起疼好吗？”孩子点点头，又摇摇头。母亲把手放在女孩的唇边说：“疼，你就咬妈妈的手。”孩子咬住了妈妈的手，可眼泪还是不停地流。

后来，孩子终于闭上眼睛睡着了，脸上还挂着泪水，母亲这时却是泪流满面。

凌晨3点的时候，孩子又从梦中疼醒了，她叫了一声“妈妈”，就轻轻地抽泣起来。母亲忽然没了语言，她不知所措了，嘴里只是轻轻地叫着：“我的孩子！”

“孩子要哭，你就让她大声哭吧。”一个声音在房间里响起。“孩子你哭吧。”房间里的人一齐说。他们竟然都是醒着的。

母亲看着孩子的脸，说：“想哭就哭吧，好孩子。”

“妈妈，叔叔、阿姨不睡了吗？”孩子哽咽着问，眼泪浸湿了她的头发。她的小脸像个天使。

屋子里能走动的人都来到了孩子的跟前，一名40岁左右的妇女拿起一个橘子，一边剥皮一边说："吃个橘子吧，小宝贝！吃了橘子，你就不疼了。"说着眼泪滚落在孩子的脸上。孩子吃惊地看着她，然后伸出自己的小手去擦阿姨脸上的泪，那女人更止不住地哭泣起来："我从来没见过这么懂事的孩子……"

那一夜，大家都没有再睡，大家都被感动着，被那孩子感动着，被孩子的母亲感动着。有一个称职的母亲才会有这样优秀的孩子。

写作技巧 / Writing Skill

生动感人的细节描写，使文章熠熠生辉：女孩几次默默地流泪，母亲强装出的笑颜，病友们对孩子的疼爱，女孩为阿姨擦泪的举动……这些细节刻画得细腻传神，令读者在不知不觉中为之感动。

爱的箴言 / Loving Speaking

不知有多少子女能够感受这样一句话：伤在儿身，痛在娘心。很多时候，当我们身处痛苦之中时，往往只会看到母亲那宽慰人心的笑容，然而，母亲内心留下了多少泪水、有着怎样的疼痛，却常常是我们所无法估量的。而亲人间的这种爱，足以令每个人为之动容。

沉睡的大拇指

文/威尔逊［美］

有一种谎言，不是伤害，而是关爱；
有一种谎言，不是欺骗，而是亲情。

从盖尔出生的那天起，他的爸爸、妈妈就开始为他担心了，因为盖尔左手的尾指旁边多长了一根小小的第六指。

转眼间，盖尔已经3岁了，父母把他送进了幼儿园。可上幼儿园的第一天，他回家后便眼泪汪汪地问爸爸、妈妈和爷爷：“为什么我比其他小朋友多了一根指头？迪克说我是个怪物。”大家都沉默了。是啊，随着年龄的增长，盖尔的第六根指头也长大了许多，看上去有点碍眼。

此时此刻，爷爷陷入了沉思，盖尔是那样聪明可爱、乖巧伶俐，他的伤心和自卑令爷爷感到深深的不安。突然，他的目光掠过钢琴架上的雕塑。那是一尊泥塑手雕，大拇指用力地压在掌心里。爷爷像发现什么珍宝似的，会心一笑，把盖尔抱放在自己的膝盖上。

“宝贝，你看爷爷右手的大拇指，它是个小懒虫，从你出生的那天起，他就开始睡觉了，到现在都不肯起来。”爷爷边说边伸出右手，把大拇指蜷缩在掌心，然后让掌心朝上，与盖尔的左手合在一起的时候，正好十个手指，不多也不少。

“我知道了，您的大拇指偷懒、不听话，所以我就替您长了一根手指，是这样的吧，爷爷？”天真的盖尔开心地笑了，充满了自豪。小小的他觉得，这第六根手指担负着重大的责任，它是来帮助爷爷的。

爷爷迅速把这件事告诉了家人和朋友，还请盖尔的老师在班上告诉其他小朋友，盖尔帮爷爷长了一根大拇指。小朋友们非但不再嘲笑盖尔了，还佩服盖尔小小年纪就能帮助大人。

自从和盖尔说过沉睡的大拇指的事后，只要见到盖尔，爷爷右手的大拇指就会条件反射般地蜷进掌心。久而久之，爷爷竟习惯成自然，

时刻把右手大拇指蜷起来，也习惯了用四根指头吃饭、干事。不熟悉的人还真认为爷爷的手原本就是那样的。而盖尔呢，自从听了爷爷的故事后，对第六指便特别关心爱护，冬天的时候还特意涂上一层厚厚的防裂霜，他觉得这是爱爷爷的一种表现。

后来，盖尔随父母去医院做了截指手术，手术很成功，而爷爷的大拇指却永远沉睡，始终无法伸展。

待爷爷去世后，父母将大拇指的真相告诉了盖尔。那一刻，盖尔的心中受到了前所未有的震撼，因为沉睡的大拇指给了他完整的人生，还真真切切地告诉他什么叫伟大的亲情。

写作技巧 / Writing Skill

采用以物（大拇指）为线索的叙述方法：手指是联系祖孙感情的纽带。作者从小孙子盖尔的第六根小指引出故事，直到爷爷的大拇指永远“沉睡”，这种变化体现了爷爷对盖尔深深的爱。

爱的箴言 / Loving Speaking

这个故事，就是爱的奉献之歌。为了我们的健康成长，亲人几乎献出了自己的一切：时间、金钱、感情，乃至健康……亲人的大恩如同阳光，温暖我们的一生。

穿着我的靴子回家吧

文/佚名

不是将自己的多余之物做施舍，
而是将自己的必需之物奉献给别人，这样的朋友让人温暖一生。

在我的记忆深处，珍藏着一双靴子。他铭刻着一个流浪汉的颠簸之苦，更深藏着一个陌生人的关怀之心。

那是在大萧条时期的一个冬天，当时20来岁的我独自在外乡闯荡了一阵子，一无所获的磨难使我心灰意懒，蜷缩在闷罐车里做着回家的梦。途经一个小镇，我下了车，希望能碰到一些好运，找到一个打工的机会。刺骨的寒风吹着，我被冻得直打冷战，脚上那双破靴子已有空隙，冰水毫不客气地渗入了我的靴子。冰冻的双脚疼痛难忍，我暗暗许下一个愿望：只要能攒下买一双靴子的钱，我就回家。

在山边的一个小屋，我碰到了一个流浪汉。双脚疼痛使我无法入睡。“你怎么了？”那个叫吉米的陌生人问我。“我的脚趾冻坏了，”我说，“我的靴子漏了。”

之后，他同我聊起了家和家人的经历……他的健谈缓解了我的疼痛，我在不知不觉中睡着了。

这个小镇并没有带给我们牛排。几个小时后，我们又登上了去堪萨斯州的列车。天气越来越冷，我不停地跺脚取暖。吉米关切地问我，家里还有什么人，我告诉他，还有一个妹妹和父亲——一个穷当当的农家。“我们回家吧，”吉米说，“不管怎样的家总还是家！我看我们还是回家吧。”

望着星空闪烁的黑夜，我似乎感到了家的温暖。“要是我能攒点钱买双靴子，也许就能够回家了。”

我在对家的怀念中睡着了。当我醒来时已是第二天了，左顾右盼没有找到吉米，可我感觉脚没往日那么冷。我穿的是吉米的靴子，他呢？旁边的人告诉我，别找了，吉米下车了。可他的靴子还在我这，我说。那人说，他下车前要我转告你，希望这双靴子陪你回家。

我怎么也不能相信，世上竟有这么好的好人。不是将自己的多余之物做施舍，而是将自己的必需之物奉献给别人，为了使他能有脸回家。我想象他穿着我的破靴子在冰雪里跋涉的情形，不禁热泪盈眶。许多年过去了，我和吉米无缘再见面，但在我心里他是我永远的朋友，而这双并不新的靴子则是我一生收到的最贵重的礼物。

写作技巧 / Writing Skill

用简洁的回忆导入法开篇：文章以回忆的方式开头，简单的几句话便交代了文章的主要内容，吸引着读者跟随作者的叙述，一同追忆那逝去的往事。

爱的箴言 / Loving Speaking

每个人都难免会有困顿的时期，而朋友就在此时凸显出他们的意义。饥渴时他会及时为你送来一碗水，寒冷时他会为你脱下他的靴子；他甘愿为你遮风挡寒，为你排忧解难，而不求回报。

打开心灵的窗

文/奥斯勒 [美]

打开心灵的窗，让阳光透进来，
感受世界的美好和可爱，将爱心洒满世界的每一个角落。

几十年前，纽约的北郊住着一位名叫艾米丽的姑娘。她自怨自艾，认定自己的理想永远实现不了。其实，她的理想也正是每一位妙龄姑娘的理想：跟一位潇洒的白马王子结婚，白头偕老。

艾米丽整天梦想着，可周围的姑娘们都先后成家了，她却成了大龄女青年，她认为自己的梦想永远不可能实现了。

在一个雨天的下午，艾米丽在家人的劝说下去找一位著名的心理学家。握手的时候，她那冰凉的手指让人心颤，还有那凄怨的眼神，如同坟墓中飘出的声音，苍白憔悴的面孔，都像是在告诉心理学家：我是无望的了，你会有什么办法呢？

心理学家沉思良久，然后说道："艾米丽，我想请你帮我一个忙，我真的很需要你的帮忙，可以吗？"艾米丽将信将疑地点了点头。

"是这样的。我家要在星期二开个晚会，但我妻子一个人忙不过来，我想请你来帮忙招呼客人。明天一早，你先去买一套新衣服，不过你不要自己挑，你只问店员，按她的主意买。然后去做个发型，同样按理发师的意见办，听好心人的意见是有益的。"

接着，心理学家说："到我家来的客人很多，你要帮我主动去招呼客人，说是代表我欢迎他们，要注意帮助他们，特别是那些显得孤单的人。我需要你帮助我照料每一个客人，你明白了吗？"

见艾米丽一脸不安，心理学家又鼓励她说："别紧张，其实很简单。比如说，看谁没咖啡了就端一杯；要是太闷热了，就开开窗户什么的。"艾米丽勉强同意去试一试。

星期二这天，打扮得体的艾米丽来到了晚会上。按心理学家的要

求，她尽职尽力，只想着帮助别人。她眼神活泼，笑容可掬，成了晚会上最受欢迎的人。晚会结束后，有三个年轻人都主动提出要送她回家。

一个星期又一个星期过去了，三个年轻人都热烈地追求着艾米丽，她最终答应了其中一位的求婚。

心理学家作为被邀请的贵宾，参加了他们的婚礼。在婚礼上，有人由衷地对这位心理学家说："你创造了奇迹。"

"算不上奇迹。"心理学家说，"这很简单，人不该老想着自己，怜悯自己；而应想着别人，体恤别人。艾米丽懂得了这个道理，所以变了。"

写作技巧 / Writing Skill

细腻的细节描写凸显人物特征：女孩冰冷的手、呆滞而绝望的眼神、好像从坟墓里飘出来的声音，这些细节描写将女孩缺乏活力和性情淡漠的特点巧妙地刻画出来了。

爱的箴言 / Loving Speaking

忧郁就像坏天气一样讨厌，常使人情绪低落。要想摆脱忧郁活出精彩，就得激发出身上潜藏着的自信心，就要把眼光放在前方，注视在别人身上，为别人着想，体恤别人。这样做了之后，你才会收获快乐与幸福，也会被快乐和幸福所改变。

打往天堂的电话

文/昭云

妈妈，我在报刊亭给您打电话。
我的心声您听到了吗？尽管您在遥远的天堂……

一个春日的星期六下午，居民小区旁边的报刊亭里，报亭主人文叔正悠闲地翻阅着杂志。这时一个穿红裙子、十几岁的小女孩走到报亭前，她四处张望着，似乎有点不知所措，看了看电话机，又悄悄地走开了，然后不多一会儿，又来到报亭前。

文叔抬头看了看女孩并叫住了她：“喂！小姑娘，你要买杂志吗？”“不，叔叔，我……我想打电话……”“哦，那你打吧！”“谢谢叔叔，长途电话可以打吗？”“当然可以！国际长途都可以打的。”

小女孩小心翼翼地拿起话筒，认真地拨着号码，电话终于打通了：

“妈……妈妈！我是小菊，你好吗？妈，我随叔叔来到了桐乡，上个月叔叔发工资了，他给了我50块钱，我已经把钱放在了枕头下面，等我凑足了500块，就寄回去给弟弟交学费，再给爸爸买化肥。”小女孩想了一下，又说：“妈，我告诉你，我在叔叔的厂里每天都可以吃上肉呢，我都吃胖了，妈妈你放心吧，我能够照顾自己的。哦，对了，妈妈，前天这里一位阿姨给了我一条红裙子，现在我就是穿着这条红裙子给你打电话的。妈妈，叔叔的厂里还有电视看，我最喜欢看学校里小朋友读书的片子……”突然，小女孩的语调变了，不停地用手擦着眼泪：“妈，你的胃还经常疼吗？我好想家，想弟弟，想爸爸，也想你！妈，我真的真的好想你，做梦都经常梦到你呀！妈妈……”

女孩再也说不下去了，文叔爱怜地抬起头看着她，女孩慌忙放下话筒，慌乱中话筒放了几次才放回到话机上。“姑娘啊，想家了吧？别哭了，有机会就回家去看看爸爸、妈妈。”“嗯，叔叔，电话费多少钱呀？”“没有多少，你可以跟妈妈多说一会，我少收你一点儿钱。”文叔习惯性地往柜台上的话机望去，天哪，他突然发现话机的电子显示屏上竟然没有收费显示，女孩的电话根本没

有打通！“哎呀，姑娘，真对不起！你得重新打，刚才呀，你的电话没有接通……”“嗯，我知道，叔叔！”“其实……其实我们家乡根本没有通电话。”文叔疑惑地问道：“那你刚才不是和你妈妈说话了吗？”小女孩终于哭出了声：“其实我早没有了妈妈，我妈妈死了已经四年多了……每次我看见叔叔和他的同伴给家里打电话，我真羡慕他们，我就是想和他们一样，也给妈妈打打电话，跟妈妈说说话……”听了小女孩这番话，文叔禁不住用手抹了抹老花眼镜后面的泪花。

从此，每周六下午文叔就在这里等候小女孩，让女孩借助一根电话线和一个根本不存在的电话号码，实现了把人间和天堂、心灵与心灵连接起来的愿望。

写作技巧 / Writing Skill

情节一波三折，令人拍案叫绝：女孩开始打电话的情形令人感动，似乎确有其事，可文叔发现电话居然未通，这又在意料之外，最终女孩说出实情，文叔成全女孩的心愿，又那么入情入理。情节曲折多变，读者的心也为之起伏。

爱的箴言 / Loving Speaking

母亲，总是以博大的爱，为儿女撑起一片艳阳天，这种爱，不会因为生命的终止而有些许的减弱；儿女，总是以不懈的努力回报母亲的付出，这种回报，也决不会因为时间的流逝而有丝毫的停止。

大师的宽容日记

文/沈岳明

一个人只要具备善良、正直和宽容的性格，便没有什么困难能够压得倒他。
宽容别人、宽容生活，就是宽容自己。

德国人卜劳恩又一次失业了。

他满大街地转了一天，依然没有找到工作。情绪极度低落的卜劳恩去酒吧坐了半天，直到将身上最后一块钱也买酒喝了，才拖着疲惫的身躯回到家里。

可是，家里也不是天堂。他唯一的儿子克里斯蒂安并没给他争气——他的成绩居然比上学期退步了。卜劳恩狠狠地瞪了儿子一眼，再也不想跟他说话，回到自己的房间呼呼大睡去了。

当卜劳恩醒来时，已是第二天早上。

他习惯性地拿起笔写日记：

5月6日，星期一。真是个倒霉的日子。工作没找到，钱也花光了，更可气的是儿子又考砸了，这样的日子还有什么盼头？

卜劳恩走进儿子的房间，准备叫儿子起床，发现他已经上学去了。这时，卜劳恩突然发现，儿子的小日记本忘了锁进抽屉了。他忍不住好奇便拿过来翻看起来：

5月6日，星期一。早上去上学的时候，我帮助一位盲眼老奶奶过了马路，心情很好。只是这次考试不太理想，但当我晚上把这个消息告诉爸爸时，他却没有责备我，只是深情地盯着我看了一会儿，使我深受鼓舞。我决定努力学习，争取下次考好，不辜负爸爸的期望。

怎么会这样呢？明明是自己恶狠狠地瞪了一眼儿子，怎么变成深情地盯着他了呢？卜劳恩好奇地翻开了儿子以前的日记：

5月5日，星期天。山姆大叔的小提琴拉得越来越好了，我想，有机会我一定要去向他请教，让他教我拉小提琴。

卜劳恩又是一惊，赶紧去屋里拿来自己的日记本看：

5月5日，星期天。这个该死的山姆又在拉他的破小提琴，好不容易有个休息日，又被他吵得不得安生。如果他再这样下去，我非报警没收了他的小提琴不可。

拿着两本日记，卜劳恩跌坐在椅子上，半天无语。他不知道自己从什么时候起，竟然变得如此悲观厌世、烦躁不堪，难道自己对生活的承受力还不如一个小孩子吗？

自从那天之后，卜劳恩变得积极和开朗起来，他日记里的内容也逐渐变了：

5月7日，星期二。今天又找了一天工作，虽然还是没有哪家单位肯聘用我，但我从应聘的过程中学到了不少东西。我想，只要总结经验，明天我一定能找到一份满意的工作。

5月8日，星期三。今天我终于应聘成功了，虽然是一份钳工的工作，但我觉得我一定能成为世界上最出色的钳工……

他就是著名的德国漫画家埃·奥·卜劳恩，1903年3月18日生于德国福格兰特山区翁特盖腾格林村，曾经在工厂当过钳工，后来又给《横断面》《新莱比锡报》《前进》《诙谐报》作过画，还为他的朋友——作家埃里西·卡斯特纳的许多作品画过稿图。

卜劳恩的连环漫画《父与子》，所塑造的善良、正直、宽容的艺术形象，深深地打动了千百万读者的心，从而使卜劳恩成为海恩里希·霍夫曼和威廉·布施之后的又一巨匠。连环漫画《父与子》的素材，大多源于他和儿子克里斯蒂安在一起的日子。《父与子》被誉为德国幽默的象征，受到人们一致高度的赞扬，声誉远远地越出了国界。

后来有人采访卜劳恩时问他：听说是一本日记造就了您今天的大师成就，这是真的吗？卜劳恩说：是的，确实是因为一本日记，但需要申明的是，那个大师不是我，真正的大师是我的儿子——克里斯蒂安。

写作技巧 / Writing Skill

对比描写，凸显主题：作者独具匠心，将父亲和孩子的“日记”作为切入点，活画出面对同一事件的两种不同的心态，正是鲜明的对比体现了主题。

爱的箴言 / Loving Speaking

积极地面对生活，你的精彩就来到；快乐地面对生活，你的幸福就存在；宽容地面对生活，新的转机就会出现。哪怕是像卜劳恩这样的漫画大师，也是从失败中爬起来继续前进的。正视困难，采取积极开朗、宽容忍让的生活态度，会帮助我们逐渐摆脱困境。

当遭遇拒绝时

文/德隆

被人拒绝并不一定是坏事，关键是你要从拒绝中学到一些东西。
你被拒绝得越多，你就成长得越快。

一位刚毕业的女大学生到一家公司应聘财务会计工作，面试时即遭到拒绝，理由是她太年轻，公司需要的是有丰富工作经验的资深会计人员。女大学生没有气馁，一再坚持地对主考官说："请再给我一次机会，让我参加完笔试。"主考官拗不过她，答应了她的请求。结果，她通过了笔试，由人事经理亲自复试。

人事经理对这个女孩儿颇有好感，因为她的笔试成绩最好。不过，女孩儿的话让经理有些失望，她说自己没有工作过，唯一的经验是在学校掌管过学生会财务。

人事经理不愿找一个没有工作经验的人做财务会计，只好敷衍道：“今天就到这里，如有消息，我会打电话通知你。”

女孩儿从座位上站起来，向人事经理点点头，然后从口袋里掏出一美元，双手递给人事经理，说：“不管是否录取，都请您给我打个电话。”

人事经理从未见过这种情况，竟一下呆住了。不过他很快回过神来，问：“你怎么知道我不给没有录用的人打电话？”

“您刚才说有消息就打，那言下之意就是没录取就不打了。”

人事经理对这个年轻女孩儿产生了浓厚的兴趣，问：“如果你没被录用，我打电话，你想知道些什么呢？”

“请告诉我，我在什么地方不能达到你们的要求，我在哪方面不够好，我好改进。”

“那一美元……”

没等人事经理说完，女孩儿微笑着解释道：“给没有被录用的人打电话不属于公司的正常开支，所以由我付电话费，请您一定打。”

人事经理马上微笑着说：“请你收回这一美元。我不会打电话了，我现在就正式通知你，你被录用了。”

就这样，女孩儿用一美元敲开了机遇的大门。

细想起来，女孩儿成功的道理其实很简单：一开始便被拒绝，女孩儿仍要求参加笔试，说明她有坚毅的品格。财务是十分繁杂的工作，没有足够的耐心和毅力是不可能做好的。她能坦言自己没有工作经验，显示了一种诚信，这对搞财务工作尤为重要。即使不被录取也希望能得到别人的评价，说明她有直面不足的勇气和敢于承担责任的上进心。女孩儿自掏电话费，说明了思维的灵活性，并巧妙地展示了自己公私分明的良好品德，这更是财务工作不可或缺的。

写作技巧 / Writing Skill

语言描写，刻画人物性格：文章在叙述了事情的起因之后，接着转入女孩儿和人事经理的对话，通过对话，一个聪明、坦诚、勇敢、有毅力的女孩儿展现在读者面前。

爱的箴言 / Loving Speaking

每个刚刚踏出校门的大学生，都渴望找到一份心仪的工作。面对竞争日益激烈的职场，如何达到自己的目标？遭遇拒绝毫不气馁的坚毅品格，诚实守信的品德，直面不足的勇气，敢于承担责任的上进心以及随机应变的能力都是帮助我们成功的不可或缺的素质。

地震中的父子

文/马克·汉林［美］

“不论发生什么，我总会跟你在一起！”这是父亲的铿锵话语。
在大灾面前，父亲的职责就是永不放弃。

在地震发生不到4分钟的时间里，父亲冲向他7岁的儿子上学的学校。他眼前，那个曾经充满孩子们欢声笑语的三层教室楼，已变成一片废墟。

他顿时感到眼前一片漆黑，大喊：“阿曼达，我的儿子！”跪在地上大哭了一阵后，他猛地想起自己常对儿子说的一句话：“不论发生什么，我总会跟你在一起！”他坚定地站起身，向那片废墟走去。他知道儿子的教室在一层楼的左后角处，便疾步走到那里，开始用手挖掘。

在他清理挖掘时，不断有孩子的父母急匆匆地赶来，看到这片废墟，他们痛哭并大喊：“我的儿子！”“我的女儿！”哭喊过后，他们绝望地离开了。有些人来拉住这位父亲说："太晚了，他们已经死了。"这位父亲双眼直直地看着这些好心人，问道："谁愿意来帮助我？"没有人给他肯定的回答，他便埋头接着挖。

救火队长挡住他："太危险了，随时可能发生大爆炸，请你离开。"这位父亲问："你是不是来帮助我？"警察走过来："你很难过，这我们理解。可这样不但不利于你自己，对他人也有危险，马上回家去吧。"这位父亲又问："你是不是来帮助我？"警察摇摇头，叹息着走开了。这位父亲心中只有一个念头："儿子在等着我。"

他挖了8小时、12小时、24小时、36小时……没人再来阻挡他。他满脸灰尘，双眼布满血丝，浑身上下破烂不堪，到处是血迹。到第38小时的时候，他突然听见废墟底下传来孩子的声音："爸爸，是你吗？"这

是儿子的声音！父亲大喊：“阿曼达！我的儿子！”“爸爸，真的是你吗？”“是我，是爸爸！我的儿子！”“我告诉同学们不要害怕，说只要我爸爸活着就一定会来救我，也能够救大家。因为你说过，不论发生什么，你总会和我在一起！”

50分钟后一个安全的出口被人们开辟出来。父亲用颤抖的声音说：“出来吧，阿曼达。”“不！先让别的同学出去吧！不论发生什么，我知道你总会跟我在一起。”终于，这对父子无比幸福地紧紧拥抱在一起。

写作技巧 / Writing Skill

巧用“一线串珠法”，推动情节发展：“我总会跟你在一起！”父亲坚持不懈地挖，儿子在废墟中等待父亲救援，乃至儿子把求生的机会让给同学们，都是因为坚信这一点。整个故事皆由此句一线贯穿，脉络清晰，架构完整。

爱的箴言 / Loving Speaking

真爱无敌，感天动地。父亲信任儿子，儿子信任父亲：这是父子绝处逢生的精神动力。当父亲把爱给了儿子，儿子把爱给了同学们，我们看到了一条爱的链条的传递。与其说一个父亲救了一群孩子，不如说人间的真爱穿越了生死。

第100个客人

文/金炳奎 [韩]

两次免费的午饭，融入了浓浓的爱意。

有时，一个善意的谎言可以成就一个美丽的小小心愿。

午饭的高峰时间过去了，原本拥挤的小吃店，客人都已散去。老板正要喘口气翻阅报纸的时候，一位老奶奶和一个小男孩走了进来。

奶奶坐下来，拿出钱袋数了数钱，叫了一碗热气腾腾的牛肉汤饭。奶奶将碗推向孙子面前，小男孩却吞了吞口水望着奶奶说：“奶奶，您真的吃过中饭了吗？”“当然了。”奶奶含着一块萝卜泡菜慢慢咀嚼。一晃眼的工夫，小男孩就把一碗饭吃了个精光。

老板看到这幅情景，走上前微笑着说：“老太太，恭喜您，您今天幸运地成为本店的第100个客人，所以免费。”

一个多月后的一天，老板无意中发现，小男孩蹲在小吃店对面像在数着什么东西。原来，小男孩每看到一个客人走进店里，就把一颗小石子放进他画的圈圈里。可是午饭时间都快过去了，小石子却连50个都不到。心急如焚的老板打电话给所有的老顾客："我想请你来吃碗汤饭，今天我请客。"这样打了很多电话后，客人开始一个接一个来了。

终于，当第99个小石子被放进圈圈时，小男孩匆忙拉着奶奶的手走进了小吃店。"奶奶，这一次换我请客了。"小男孩得意地说。

真正成为第100个客人的奶奶，吃上了孙子招待的一碗热腾腾的牛肉汤饭。而小男孩就像奶奶之前那样，只含了块萝卜泡菜在口中咀嚼着。

写作技巧 / Writing Skill

运用镜头剪接法，凸显主题：文章用简单的几个镜头（如两次祖孙吃饭、店主打电话等），将店主、小男孩和奶奶巧妙地结合在一起，诠释了文章主题。这一写法使文章条理清晰，重点突出，栩栩如生。

爱的箴言 / Loving Speaking

两碗免费的牛肉汤饭中，既有奶奶对孙子的朴素之爱，也有孙子对奶奶的孝敬之心。而老板成人之美的举动，完全是受到了祖孙亲情的感动。是亲情感动了你我，是亲情成全了一段美谈！

多莉姑姑的帽子

文/杰奎琳·克莱门斯-马伦达 [美]

多莉姑姑那顶“天使帽子”具有神奇的魔力，
它带给了我生活的勇气和信心。

当我还是孩子时，曾经对一件事情笃信不疑：我的嗓音很美妙。对此我尤其有自信，因为每当全家一起唱歌时，我都会扯着嗓门大喊，从来没有人阻止过我。所以，当我的二年级老师凯瑟琳嬷嬷宣布她要在圣诞节当天举行一场演唱会时，我别提有多兴奋了。

凯瑟琳嬷嬷对全班同学说：“歌唱是我们向上帝表达爱的最重要的方式之一。”她还说要根据我们的演唱天赋来编排节目，全班26个人都迫不及待地举起手。“想独唱的同学请站在钢琴右侧，想参加合唱的同学请站在钢琴左侧。”凯瑟琳嬷嬷说。

嬷嬷还没走到钢琴之前，我就第一个站到了钢琴右侧。她递给我几支曲子，我挑选了我们家最喜欢唱的《当爱尔兰眼睛微笑时》。嬷嬷开始弹琴，我则以一个7岁女孩所能展示的最丰富的感情开始演唱。可没唱几句，我的歌声就被嬷嬷打断了："谢谢你，下一位。"

我回到了座位上，听到有些同学在窃笑。难道我做错什么事了吗？

独唱的名额很快就招满了。在听了每位同学的试唱后，嬷嬷将声音接近的人编排在同一个声部，最后只剩下我孤零零的一个人。

当其他同学开始熟悉歌谱时，嬷嬷把我叫到她的桌前，温和地对我说："杰奎琳，你听说过'音盲'这个词吗？"我摇了摇头。

"就是说，你发出来的声音与你自己想象的不一样。"她拉着我的手说，"这没什么值得害羞的。你仍然可以参加演唱会，只要你做出发音的口型就可以了，但不要发声。你明白吗？"

"我明白。"我是如此羞愧，以至于放学后我没有回家，而是直接

坐公共汽车来到了多莉姑姑家。在我眼里，没什么事能难倒她。在那个大多数女性都要嫁人的年代里，她勇敢地选择了独身生活。她能理解我当时沮丧至极的心情，即使天塌了也不过如此。

多莉姑姑给我端来饼干和牛奶。“我该怎么办？”我抽泣着说，“如果我不能唱歌，上帝就会以为我不爱他。”

多莉姑姑的手指在桌上敲着，眉头皱在一起。终于，她眼睛一亮，说：“有办法了，我将帽子戴上！”

帽子？它能帮我解决“音盲”这个大问题吗？她那棕色的眼睛盯着我，声音忽然低了下来：“杰奎琳，我透露一点儿天使的秘密给你，但首先你得发誓不会告诉任何人。”“我发誓。”我低声说。

多莉姑姑抓着我的手说：“当我在罗马圣彼得教堂祈祷时，曾听到旁边座位上一个人讲话。他也是一个音盲，也担心上帝听不到他的歌声。那里的牧师悄悄告诉他，一小块铝箔就可以解决这个问题。”

“我不明白。”

“你在嘴里默念歌词，它们会通过铝箔反射到天上，天使就能捕捉到这些声音，把它们放到特制的袋子里，然后送给上帝。这样，上帝就能听到你和同学们一起唱赞美诗的美妙声音了。”

虽然听起来有些玄妙，但我相信万能的天使还是能做到这一点的。

况且多莉姑姑的表情是那么严肃，她是不会骗我的。

“那我把铝箔藏在哪儿呢？”

“藏在我的帽子里，”多莉姑姑说，“我会坐在演唱会的前排。注意，不要对凯瑟琳嬷嬷和你的父母泄漏一个字。”

圣诞节那天，全家都去观看我的表演。我紧紧盯着多莉姑姑的帽子，根本不去考虑在场的人能否听到我的声音，我沉默的歌声是唱给上帝听的。演出十分成功，多莉姑姑夸我的表演具有“奥斯卡水准”。

即使到了现在，当我在生活中遇到挫折时，我还会想起多莉姑姑和她的“天使帽子”。

写作技巧 / Writing Skill

细致的心理描写展现了人物丰富的内心世界：“我”在老师面前试唱时的激动与自豪，对多莉姑姑的无比信任，圣诞节当日忘情的演唱……这些细致的心理描写无不契合一个7岁小女孩的心理特点，情感真挚，令人感动。

爱的箴言 / Loving Speaking

真正的谎言往往可以把人们抛入痛苦的深渊，而有时候善意的谎言却能催生出这个世界上最美丽的花朵。亲人善意的谎言确实具有神奇的魅力，让我们永远铭记。

儿子的鱼

文/P.珀金斯［加拿大］

儿子在打拼的时候，流过汗，流过泪，
父亲虽然没有什么言语，可他的心一直在悬着……

我环顾周围的钓鱼者，一对父子引起我的注意。他们在自己的水域一声不响地钓鱼。父亲抓住、接着又放走了两条足以让我欢呼雀跃的大鱼。儿子14岁左右，穿着高筒橡胶防水靴站在寒冷的河水里。

两次有鱼咬钩，但又都挣扎着逃脱了。突然，男孩的鱼竿猛地一沉，差一点儿把他整个人拖倒，卷线轴飞快地转动，一瞬间鱼线被拉出很远。看到那鱼跳出水面时，我吃惊得合不拢嘴。“他钓到了一条王鲑，个头不小！”伙伴保罗悄声对我说，“相当罕见的品种。”

男孩冷静地和鱼进行着拉锯战，但是强大的水流加上大鱼有力的挣扎，孩子渐渐被拉到布满旋涡的下游深水区的边缘。我知道一旦王鲑到达深水区就可以轻而易举地逃脱了。孩子的父亲虽然早把自己的钓竿插在一旁，但一言不发，只是站在原地关注着儿子的一举一动。

一次、两次、三次，男孩试着收线，但每次鱼线都在最后关头猛地向下游蹿去，王鲑显然在尽全力向深水区靠拢。15分钟过去了，孩子开始支持不住了，即使站在远处，我也可以看到他发抖的双臂正使出最后的力气奋力抓紧鱼竿。冰冷的河水马上就要漫过他的高筒防水靴的边缘。王鲑离深水区越来越近了，鱼竿不停地左右扭动。突然，孩子不见了！

1秒钟后，男孩从河里冒出头来，冻得发紫的双手仍然紧紧抓住鱼竿不放。他用力甩掉脸上的水，一声不吭地又开始收线。

王鲑突然改变方向，径直蹿入河对岸那片灌木丛里。我们都预备着听到鱼线崩断时刺耳的响声。然而，说时迟那时快，男孩往前一扑，紧

跟着王鲑钻进了稠密的灌木丛。我们三个大人都呆住了，男孩的父亲高声叫着儿子的名字，但他的声音被淹没在了河水的怒吼声中。保罗涉水到达对岸，示意我们王鲑被逮住了。他把枯树枝拨向一边，男孩紧抱着来之不易的王鲑从树丛里倒着退出来，努力保持着平衡。

他瘦小的身体由于寒冷和兴奋而战栗不已，双臂和前胸之间紧紧地夹着一条大约14公斤重的王鲑。他走几步停一下，掌握平衡后再往回走几步。就这样走走停停，他终于缓慢但安全地回到岸边。

保罗随身带着便携秤，他好奇地问孩子的父亲是否可以让他称一称王鲑到底有多重。男孩的父亲毫不犹豫地说：“请问我儿子吧，这是他的鱼！”

写作技巧 / Writing Skill

准确的白描手法，勾勒出鲜明的人物形象：在儿子与王鲑搏斗的过程中，作者简练地对父亲进行了白描式的描写，将一个关爱、尊重和善于教育孩子的父亲的形象，绘形绘色地展现在读者面前。

爱的箴言 / Loving Speaking

温室中长大的花朵，无法抵抗暴风雨的袭击。在严父的心中，只有在艰难环境中磨炼意志，孩子才能独立顽强地成长起来，才有资格享有属于自己的胜利果实。

伏天的罪孽

文/L.海沃德［美］

在伤害面前，爱是噙着泪的微笑，
明知有苦衷，也坦然承受。

“大热天，真是没事找事。”商场侦探亨利嘀咕着，他的制服已被汗水湿得精透。一位窄脸妇女正在他面前尖声诉说着什么。真是，丢掉的钱既然已经找到了，就算了呗。可她却不善罢甘休，仿佛站在桌前的这个小男孩真是一个危险的罪犯。亨利思忖着：是的，10块钱对大人也是不小的诱惑，何况对这个穿得破破烂烂的小男孩？

“是的，我没亲眼看到他偷钱。”那位太太唠叨着，“我买了一样东西，又要去看另一件货，就把10块钱放到柜台上。刚离开几分钟，钱就跑到这个小贼骨头的手上了。”

亨利这才发现，桌角那边还有个小女孩，她正用蓝蓝的大眼睛静静地看着他。“是你拿走钱的吗？”亨利问小男孩。小男孩紧闭着嘴唇，点了点头。“你几岁了？”“8岁了。”“你妹妹呢？”男孩低头望了望他的小伙伴：“3岁。”

在这大伏天里，孩子也许只是为了拿它去换点冰淇淋。可这位太太却咬定孩子是窃贼，非要惩罚他们不可。亨利不由得心疼起这两个孩子来了。“让我们去看看现场吧。”男孩紧紧拉着小女孩的手，跟着大人们向前走去。

柜台后面一台风扇吹来的风使亨利觉得凉爽些了。他问：“钱在哪放着？”“就在这。”太太把10块钱放在柜台上售货记账本的旁边。

亨利打量了一下小女孩，掏出几块糖来：“爱吃糖吗？”女孩扑闪了一下大眼睛，点了点头。亨利把糖放在钱上面：“来，够着了就给你吃。”小女孩踮起脚尖，竭力伸长小手，可还是够不着。亨利把糖拿给

小女孩。太太在一边嚷起来：“我不跟你争辩。难道他们可以逃脱罪责吗？领我去见你的老板……”亨利没理会，他正注视着那10块钱，柜台后面的风扇吹着它，它开始滑动，滑动，终于从柜台上飘落下来。

钱落在离两个孩子几尺远的地方。女孩看到钱，便弯腰捡起来递给哥哥，男孩毫不踌躇地把钱交给了亨利。“原先那钱也是你妹妹给你的，对吗？”男孩点了点头，眼里涌出委屈的泪水。

“你知道钱是从哪来的吗？”男孩使劲摇着头，终于大声哭了出来。“那你为什么要承认是你偷的呢？”男孩泪眼模糊地说：“她……她是我妹妹，她从不会偷东西……”

亨利瞟了一眼那位太太，他看到她的头低了下来。

写作技巧 / Writing Skill

巧设悬念，增强文章的吸引力：这个侦探小故事，是围绕着小男孩有没有偷钱这个问题而展开的。随着亨利抽丝剥茧的推理分析，案情真相大白：小男孩是被冤枉的。破案过程环环相扣，让人读罢不忍释卷。

爱的箴言 / Loving Speaking

小男孩虽然年龄小，家境贫寒，却有一颗金子般的心。在他那幼小的心上，亲情的分量比泰山还要重。保护妹妹是哥哥的责任，为了亲人的清白，他宁愿自己承受屈辱。对亲人的爱，给予了我们巨大的勇气，让我们力量倍增！

父爱馨香布朗尼蛋糕

文/佚名

对孩子的呵护、疼爱、理解、尊重……
这一切交融起来，便是爱的味道了。

一次，金融家罗伊先生问6岁的儿子雷特：“长大以后你希望做什么呢？”当时雷特刚刚获得了一个儿童绘画大奖，罗伊先生特意推掉事先计划的商务会谈，父子俩一起到酒店庆祝。

小圆桌上摆着香喷喷的甜点，雷特嘴巴塞得满满的，眨巴着眼睛对父亲嘟噜道：“我想当个糕点师，给您做最棒的布朗尼蛋糕。”罗伊先生被逗乐了，但打心眼里没把儿子的回答当真。

时光荏苒，雷特高中快毕业的时候，学校的老师和罗伊先生的朋友热情地为雷特推荐了许多优秀的高等学府，甚至有些大学提前给他寄来了报考资料。

罗伊先生把所有资料交给儿子，微笑着对他说："一切由你自己决定。"雷特却出人意料地推开那些东西，笃定地说："我想考烹饪学院，以后当一名很棒很棒的糕点师。"

罗伊先生的微笑有点僵硬了，他回忆起儿子当年说过的话。面对优秀的儿子，他即使从不苛求儿子去做他金融帝国的继承人，但也希望儿子能成为某个领域里的优异者，比如医生、艺术家、学者等，而糕点师算什么？

心里这样思忖，但罗伊先生的脸上很是平静。他拍了拍雷特的肩膀说："啊，这个理想有点特别，那就好好干吧。"

不久，雷特踌躇满志地报考了三所烹饪学院。可接踵而来的都是坏消息，那些学院无一例外地拒绝了雷特。

几天后，雷特主动向罗伊先生要回了当初推掉的那些高等学府的资料。

几年以后，雷特以优异成绩从大学毕业，然后进了罗伊先生的公司工作。像是有先天遗传似的，雷特不仅很快熟悉了金融业务，而且以他的创见和才能很快在业内崭露头角了。

有这样一个出色的儿子，罗伊先生高兴得能从梦里笑醒，但是，他又凭着父亲的敏感察觉到雷特身上的某种忧郁。为什么呢？他想不透，也找不出什么理由。

一天晚上，罗伊先生偶然发现厨房里透出灯光，还有轻微的动静。罗伊先生蹑手蹑脚地走过去，看见儿子雷特正有条不紊地将奶油、巧克力、香草精、新鲜鸡蛋分类化开、混合，又将雪白的面粉和泡打粉一起均匀搅拌，然后倒入模具放进电烤箱。他的动作娴熟又专注，仿佛在创作一件艺术品。

“嗨，你在干什么？”罗伊先生好奇地问，他从不知道儿子还会这么一手。雷特回头看了一眼父亲，回答：“我在给您做一块布朗尼蛋糕。”过了一会，雷特从烤箱里拿出烘焙好的布朗尼蛋糕。棕色的糕体散发着巧克力香味，看上去松软可爱。雷特捧着蛋糕，朝父亲顽皮地鞠个躬，脸上洋溢着得意的笑容。那笑容是罗伊先生很久不曾看见的，他记起儿子孩子时的理想，当年那个小毛孩子的脸上不就是洋溢着如此灿烂的笑容吗？可是后来……

罗伊先生的眼睛湿润了，他低头咬了一口布朗尼蛋糕，细细地咀嚼了半天，最后说："我一直为拥有一个出色的儿子自豪，但是吃了你亲手做的布朗尼蛋糕，我才发现，原来拥有一个快乐的儿子更重要。"说罢，罗伊先生带着儿子来到书房，从保险柜里拿出当年雷特考取烹饪学院的成绩单，全是优秀记录——当时是他用金钱去买断了这些事实。

第二天，雷特宣布辞去公司所有职务。几个月后，罗伊先生请来了许多朋友，在晚会上，他微笑着向众人宣布："今天请诸位来，是庆祝我的儿子雷特正式经营一家糕点店。我相信，他能做出世界上最棒的布朗尼蛋糕……"

写作技巧 / Writing Skill

结局出人意料，耐人寻味：文章前半部分有顺理成章的流畅感，快结尾时却笔锋一转，点明了父子间暗藏的矛盾，并以父亲出人意料的决定作结，读来令人回味无穷。

爱的箴言 / Loving Speaking

父爱如山，每个父亲都想用尽自己所有的能力，希望给孩子最好的。然而，当深沉的爱给孩子带来压力与不快乐时，父爱就会显示出博大与包容，给孩子自由，让孩子拥有快乐的权利。

父亲的教导

文/佚名

父亲的教导让我认清了自己：不断地超越自我，
才能最大程度地实现自己的人生价值。

大约在玛丽亚12岁时，有个女孩总是跟她过不去，她老是挑玛丽亚的缺点。

有一回，听完玛丽亚的“控诉”后，爸爸平静地问道：“这个女孩所讲的一切是否都是事实？”“差不多。但我想知道的是怎样回击她！这同是不是事实有什么关系？”“玛丽亚，知道自己的真实情况难道有什么不好吗？你现在已经知道那个女孩的看法，去把她所讲的一一写在纸上，在正确的地方标上记号，其他的则不必理会。”

遵照爸爸的话，玛丽亚把那个女孩的意见罗列在纸上。她惊讶地发现，这个女孩所讲的差不多有一半是正确的。有生以来，她第一次对自己有了一个较为全面而清晰的认识。

升入中学后，有一天，同学们说好到附近的湖边去野炊。那天很阴冷，玛丽亚的妈妈千叮万嘱，要她千万别下湖。可是，当别人下水时，不甘落后的玛丽亚也穿上游泳衣，上了划艇。当她最后划向岸边时，几个顽皮的男同学开始摇晃她的船；在要靠岸时，她的船翻了。为了不掉进水里，玛丽亚一个大步想迈上岸去，却不料踩到了一个破瓶子，玻璃渣一直插到她脚跟的骨头上。玛丽亚被送进了医院，父亲来看她。她辩解说："我所有的同学都认为下湖不会有什么问题。" "但他们都错了！"爸爸语重心长地说，"你会发现世界上有不少人，他们自认为在对你负责。不要忽视他们的意见，但你只能吸收正确的，并努力去做你认为是正确的事情。"

在人生许多关键的时候，父亲的这个教导总是萦绕在玛丽亚的耳边。由于一个偶然的机会，玛丽亚来到好莱坞闯荡。岁月流逝，转眼两年一晃而过，玛丽亚还没有找到工作。有一位

导演讨厌她的外表，他说："你的脖子太长、鼻子太大，你这副样子永远演不了电影。"玛丽亚想："倘若这导演说的是正确的，我对此也没有办法。对我的脖子和鼻子我又能怎样？可是，也许这意见并不对呢。我觉得应该继续用加倍的努力来赢取成功！"后来，善良、聪慧的杰罗姆·科恩先生给了她所需要的正确意见。他对玛丽亚说："你应该学会用你自己的方法去演唱。"

科恩先生的话开始鼓舞着玛丽亚，正像父亲常对她讲的那样。不久后，好莱坞夜总会让候补演员演出节目。同以往一样，"候补玛丽亚"又一次登台了。但这次，她不再试图模仿别人，她决心做真正的自己。这回玛丽亚成功了，她终于找到了梦寐以求的工作。

写作技巧 / Writing Skill

文章以父亲的教导为主线，使不同情节有机结合在一起，串起一系列小故事：同学对玛丽亚的"挑剔"，野炊受伤事件，闯荡好莱坞。正是父亲的话引导玛丽亚正确认识自己，最终实现了自己的价值。

爱的箴言 / Loving Speaking

父亲是我们需要用一生解读的书——一本厚厚的生活指南。我们有了难题，第一个想到的往往就是向父亲求教。即使在我们失意、不得志的时候，我们也会从他那里找到精神力量的支持。

复活节面包

文/佚名

亲人用爱心为孩子编织出“复活节面包”的故事，
也为孩子编织出了一生中最美好的记忆。

在清理阁楼的时候，一张旧得发黄的黑白照片落在了爱伦的手里。

爱伦轻轻地把照片放回纸盒，但目光却像被那张照片粘住了。她重新从纸盒中拾起照片。“复活节1946年”，背面是这样写的。这是外婆的笔迹，虽然笔画已有些模糊。爱伦盯着它，陷入了沉思。

啊，1946年的复活节，到现在已经过去五十多年了!在照片上，小爱伦和外婆坐在树林里的长凳上。此时，一切仿佛一下子清晰起来。一幅幅画面连接在一起，有如丝线上串起的珍珠。

爱伦觉得童年从来没有离她这么近过——她看见那片林子，那条长凳，那条小路，那棵美丽高大的山毛榉，落满层层叶子的林地，还有树根上厚厚的苔藓。她甚至能闻到那地面散发出的特殊的林地气息——在草木的清香中略带些霉味。她还看见了外公，在复活节那天他总是在林子里转来转去，用拐杖在树根下来来回回地拨动树叶。

此时，外婆正搂着爱伦给她讲那场可恶的战争：战争破坏了一切，就连复活节兔子的彩蛋也成了战争的牺牲品。

“那我的复活节彩蛋也被破坏了么？” 爱伦担心地问，眼睛望着外婆那爬满皱纹的脸。外婆忧郁地点点头，握紧她的小手。

“这个，我们得有所准备，”她说，“但复活节兔子肯定在林子深处为你藏了些什么。我怎么也不能相信，它会什么也不给你留。”爱伦紧紧地靠在外婆身上，在她身边爱伦才感到安全。外婆说的话一定是对

的，因为过去外婆所说的一切就都是对的。即使战争中空袭的炸弹落下来时，外婆也总是说：“别害怕，我的孩子，我们的房子不会遇到炸弹的！”——炸弹果真从未炸着爱伦的房子。

“那它会带给我们什么呢，”爱伦急于想知道，“如果连复活节彩蛋都毁在战争中了？”“喔，会有的，”外婆回答，仿佛那是世界上最自然不过的事，“当然是复活节面包！”“复活节面包？”“那当然，”外婆解释说，“过复活节，兔子总要烤面包的啊！怎么，你不知道吗？”爱伦当然不会知道。正在这时，外公在远处向这边激动地招手，还挥舞着拐杖。“快来这儿！”他大声喊着，声音在树林中回荡，“到我这儿来，皮波丽!”“皮波丽”是外公对爱伦的昵称，他总是这么叫她。1918年外公从第一次世界大战战场归来，头部受了伤。从那以后，他失去了听力。所以他并不知道，他的声音在幽静的树林里震耳欲聋。

爱伦和外婆来到他的身边。爱伦手里握着一根干枯的小树枝，按外公的吩咐开始在满地的落叶中来回翻找，就像外公用他的拐杖那样。真的，树叶里有一些被打破的蛋壳，然后……在那儿，落叶下面的树根旁：复活节面包！带有树林香味的复活节面包！爱伦兴奋得脸颊发红。

复活节兔子在其他三棵树下都藏了东西。小爱伦把面包放入小篮子里，高兴得快发疯了。她想把复活节面包的故事告诉她所有的小伙伴。

“复活节面包？”后来，他们不可思议地看着爱伦，“根本没有那玩意儿！”“你们难道没在树林里找过吗？”爱伦奇怪地问。“在树林里？”小伙伴们又疑惑地瞧着爱伦。爱伦深深地点点头，热情地说：“那当然，没错！只有在那儿，才能找到复活节面包！”

是的，她很幸运，只有她找到了复活节面包——感谢外公、外婆！在被战火劫掠的1946年，在那个连复活节彩蛋都无处寻找的复活节，是他们为爱伦编织出“复活节面包”的故事，也为她编织出了一生中最美好的记忆。

写作技巧 / Writing Skill

巧妙运用倒叙手法，营造出梦幻般的氛围：作者以一张旧照片为切入点，描写了童年时关于“复活节面包”的一段美好回忆。这种倒叙手法把充满亲情的神奇故事写得如梦如幻，感人至深。

爱的箴言 / Loving Speaking

被战火劫掠的日子也许是阴冷的，甚至是残酷的，但在亲情的庇护下，孩子拥有了幸福的童年。亲情是伟大的，它带给了我们一生一世温馨的爱。

哥哥的心愿

文/丹・克拉克［美］

当我们得到某些我们想要的东西时，
心情是快乐的。而当我们学会给予的时候，
就会发现：给予让人更快乐。

圣诞节快到了，保罗的哥哥送给保罗一辆新车。圣诞节当天，保罗离开办公室时，一个男孩绕着那辆闪闪发亮的新车，十分赞叹地问道：

“先生，这是你的车吗？”

保罗点点头，说：“这是我哥哥送给我的圣诞节礼物。”

男孩满脸惊讶，支支吾吾地说：“你是说这是你哥哥送的礼物，没花你一分钱？天哪，我真希望也能……”

保罗当然知道那个男孩希望什么——他希望能有一个这样的哥哥。但是，小男孩接下来说的话却完全出乎保罗的意料。

“我希望自己能成为送车给弟弟的哥哥。”男孩继续说。

保罗惊愕地看着那个男孩，冲口而出地说：“你要不要坐我的车去兜风？”

“哦，当然好了，我太想坐了！”

车开了一小段路后，那个男孩转过头来，眼睛闪闪发亮，对保罗说：“先生，你能不能把车子开到我家门前呢？”

保罗微笑了，他知道男孩想干什么。那个男孩必定是要向邻居炫耀，让大家知道他坐了一部大轿车回家。但是，这次保罗又猜错了。

“你能不能把车子停在那两个台阶前？”男孩请求道。

保罗同意了。

男孩跑上了阶梯，过了一会儿保罗听到他回来了，但动作似乎有些缓慢。原来，男孩把自己那跛脚的弟弟带出来了，将他安置在第一个台阶上，紧紧地抱着他，并指着那辆新车。

只听那个男孩告诉弟弟："你看，这就是我刚才在楼上对你说的那辆新车，这是保罗他哥哥送给他的。将来我也会送给你一辆像这样的车，到那时候你就能自己去看那些在圣诞节时挂在窗口上的漂亮饰品了，就像我告诉过你的那样。"

保罗走下车子，把跛脚男孩抱到车子的前座。哥哥兴奋得满眼放光，也爬上车子，坐在弟弟的身旁。就这样，他们三人开始了一次令人难忘的假日兜风。

在那个圣诞夜，保罗才真正体会到人们常说的"施与比接受更有福"的道理。

写作技巧 / Writing Skill

层层设疑，吸引读者的眼球：在文中有两段描述保罗猜错的心理过程，写得极为精彩出神。这种"卖关子"式的写法使文章跌宕起伏，很能调动读者的阅读兴趣，既是巧妙的过渡，又推动了情节发展。

爱的箴言 / Loving Speaking

没有亲情的人生，不是完美的人生。而有了亲情，即使生活贫困、身有残疾，我们也能坚强面对。亲人之间的关爱和支撑，使我们乐观地面对失意和不幸，使我们鼓足生活的勇气，畅享丰盈的人生。

给美丽做道加法

文/高汉武

比起板起脸孔的教训，善意的提醒有时更能打动人心；
老师一句句充满智慧的话语，为我们指引着人生的方向。

就像平静的湖面落下一枚银币，突然的声响，惹得满教室的花朵晃起来。靠窗那排坐在最后的同学，弄碎了一面小镜子。

这是上午的第二节课，老师的讲述已停下来，同学们正进行课堂练习。初冬的阳光从窗外涌进来，流淌在摊开着的课本上的字里行间。在教室的课桌间来回踱步，看长长短短的七排秀发及秀发下亮晶晶的112粒黑葡萄，捕捉沙沙的写字声合成的音乐，男老师感觉到自己好像一位农民在田间小憩，擦汗的同时聆听着庄稼的拔节之声。

一个小姑娘心爱的小镜子摔坏了。教室里低低地有了议论：“臭美！扮啥酷呀！”“上课怎么能照镜子？”“活该受批评了。”“看老师怎么办？”

老师没有言语，他有意无意地听着同学们的每一句议论。这些女孩子呀，全是十五六岁的年龄，作为旅游职中的新生，脸蛋、身材、口齿当初都曾经过精心挑选，一笑甜爽爽的，开了口也如一巢出窝的小鸟，三五分钟是静不下来的。男老师的心里笑着，他知道她们在讲台下的反应。

其实，开始练习后不久，老师就看见那位同学悄悄摸出了小镜子。他看到她将镜片偷偷压在作业下，写几笔作业就照一照。借着阳光，一只蝴蝶的淡黄色的发夹舞动在她的前额，花季的脸真是漂亮。

男老师想提醒她，但一时没有想好合适的话。现在经同学一催化，他忽然有了一种灵感。他微笑着先开口问了一个物理问题。

“请说说平面镜的作用。”

“有反射作用。”这很简单，全班56个同学几乎异口同声地回答。

“是啊。”老师说，“同学们，几分钟前，我们教

室里56位同学变成了57朵花，有一个同学借镜子反射出一朵。但是，镜中的花是虚的，镜片只能反射美丽，并不能增加美丽。

“要增加美丽，或者让美丽面对岁月雨雪风霜的一笔笔减数还是保持总数不变，我们唯一的办法是从另一方面给它再一笔笔添上加数。这加数是指，我们一次次做进步的努力，一次次为自己的目标不轻言放弃，或者，一次次向我们的周围伸出自己的援手……而此刻，对坐在教室里的你来说，帮助你增加美丽的是你桌上的书本。”

再也没有任何声音，一池吹皱的春水再度平静。

当天晚自习时，照镜的小女孩在日记中写下了这么一句话——给美丽做道加法。

写作技巧 / Writing Skill

运用比喻，增强语言形象性：文章多处使用了比喻，如，将教室里的女学生比喻成花朵，将女学生的眼睛比喻成亮晶晶的黑葡萄，将学生的学习、成长比喻成庄稼拔节……比喻手法的运用将事物描绘得形象、具体，使语言显得细腻、生动。

爱的箴言 / Loving Speaking

只有不断地充实自己，完善自己，才是给美丽做加法。真正的美源自心灵之光的折射，那是智慧和美德的光芒。男老师通过一面小镜子，揭示了怎样才能给自己的美丽加分的道理，同时巧妙地维护了女学生的尊严，智慧与宽容之光在他的身上闪耀。

给自己树一面旗帜

文/黄润之

信念就是所有奇迹的萌发点，给自己树一面信念的旗帜，
朝着既定目标坚定地走下去，你就能创造属于自己的辉煌。

罗杰·罗尔斯是美国纽约州历史上第一位黑人州长。

他出生在纽约声名狼藉的大沙头贫民窟。这里环境肮脏，充满暴力，是偷渡者和流浪汉的聚集地。在这儿出生的孩子，耳濡目染，他们从小逃学、打架、偷窃甚至吸毒，长大后很少有人从事体面的职业。然而，罗杰·罗尔斯是个例外，他不仅考入了大学，而且成了州长。

在就职的记者招待会上，一位记者向他提问："是什么把你推向州长宝座的？"面对三百多名记者，罗尔斯对自己的奋斗史只字未提，只谈到了他上小学时的校长——皮尔·保罗。

1961年，皮尔·保罗被聘为诺必塔小学的董事兼校长。当时正值美国嬉皮士流行的时代，他走进诺必塔小学的时候，发现这儿的穷孩子比“迷惘的一代”还要无所事事。他们不与老师合作，旷课、斗殴，甚至砸烂教室的黑板。皮尔·保罗想了很多办法来引导他们，可是没有一个是奏效的。后来他发现这些孩子都很迷信，于是他在上课的时候就多了一项内容——给学生看手相。他用这个办法来鼓励学生。

当罗尔斯从窗台上跳下，伸着小手走向讲台时，皮尔·保罗说：“我一看你修长的小拇指就知道，将来你是纽约州的州长。”当时，罗尔斯大吃一惊，因为长这么大，只有他奶奶让他振奋过一次，说他可以成为五吨重的小船的船长。这一次，皮尔·保罗先生竟说他可以成为纽约州的州长，着实出乎他的预料。他记下了这句话，并且相信了它。

从那天起，“纽约州州长”就像一面旗帜，罗尔斯的衣服不再满

是泥土，说话时也不再夹杂污言秽语。他开始挺直腰杆走路，在以后的40多年间，他没有一天不按州长的身份要求自己。五十一岁那年，他终于成了州长。

在就职演说中，罗尔斯说："信念值多少钱？信念是不值钱的，它有时甚至是一个善意的欺骗，然而你一旦坚持下去，它就会迅速升值。"

在这个世界上，信念这种东西任何人都可以免费获得，所有成功的人，最初都是从一个小小的信念开始的。信念就是所有奇迹的萌发点。

写作技巧 / Writing Skill

设置悬念，欲擒故纵：面对记者的提问，罗尔斯并未正面回答，而是引出了一个关键性人物——皮尔·保罗校长。罗尔斯在皮尔·保罗校长的鼓励下，树立了自己的奋斗目标并一直坚持下去，最终获得了成功。

爱的箴言 / Loving Speaking

信念就是所有奇迹的萌发点。现实生活中，许多人都怀有梦想，可是又有多少人能坚定信念，全力以赴地去实现自己心中的梦想呢？只有给自己树一面旗帜，持之以恒地努力，你才能最终到达成功的彼岸。

跟在你身后的朋友

文/佚名

默默地跟在你的身后，是为了给你你想要的空间和宁静；
紧紧地跟在你的身后，是为了第一时间向你伸出援手。

瑞恩七岁时，有一个非常亲密的朋友，名叫迈克。瑞恩和迈克上了同一所男校，并且在同一个班。

迈克和瑞恩就是人们所说的那种“最要好的朋友”。因为那时他们都还小，他们从不谈论关于金钱、女孩、人际关系或生活中其他复杂的事情。他们住得很近，一同上学、放学，上学的时候待在一起，放了学还常常到彼此家里去玩。

一次，瑞恩在学校里因为学习上受了打击，情绪十分低落。他绕着操场一圈一圈地走着，而迈克就一直跟在他后面。他远远地跟着，以

免打扰到瑞恩，但又不会远到让瑞恩离开他的视线。而瑞恩却对此很恼火，他只想一个人待着。一时间，他变得非常激动，甚至还朝迈克喊道："不用你管我!"但迈克只是静静地跟在他后面，自始至终都没有说一句话。

直到多年以后，差不多二十年过去了，瑞恩才开始懂得友谊的真正含义，而那天迈克为他做的一切正是友谊的佐证。瑞恩和迈克的生活都漂泊不定，每年难得见上几次面，即使见面，也是和一大群朋友在一起。但瑞恩仍然记得那段场景，仍然心存感激，每每忆及，总感觉心里暖暖的，鼻子酸酸的。

迈克让瑞恩懂得，真正的友谊不仅仅是在对方希望或者需要它出现时才出现。真正的朋友是，在他认为你会需要他的时候，他就总会在你身边，不论你肯不肯接受，愿不愿承认。就算你要把他赶走，他也总会待在你身边，只要他觉得他陪在你身边会对你有所帮助。但只要你不愿交谈，他就会一言不发，他会给你你想要的宁静，他也绝不会把他的想法强加于你。

真正的朋友会像迈克那样，远远地跟在你身后，给你你想要的空间和宁静，但他永远离你很近，默默地注视着你以确定你很好，确定你不会做傻事，确定只要你需要他时，他就一直在你左右，在你摔倒时向你伸出手臂，在你流泪时帮你抹去泪水。

直到今天，瑞恩依然对迈克心存感激，而且，他会永远保存着这份感激之情。

写作技巧 / Writing Skill

以议论、抒情的表达方式升华主题：文章在记叙了瑞恩和迈克的友情故事后，附以两段抒情议论性的文字，不仅使得文章文采飞扬，而且升华了主题，深刻地为读者诠释了到底怎样的朋友才是真正的朋友，令读者既感动，又深受启发。

爱的箴言 / Loving Speaking

真正的朋友，是不管你什么时候想起，都会满怀感激，心中涌起一种温柔的那个人。真正的朋友，快乐着你的快乐，悲伤着你的悲伤。真正的朋友，不管何时，都与你如影相随。

可怕的期末作文

文/佚名

也许老师的严厉曾令我们战战兢兢，也许老师的苦口婆心曾令我们心生厌烦，
但是随着年龄的增长，你会发现这一切都值得我们感恩。

罗曼·德斯尔博士布置的期末论文作业又多又长，当他在班上念出这次论文的要求时，听起来有些可怕。

这时，我想起了另一间教室，那是我高中英语老师艾多·库特夫人任教的班级，还有与这间教室似曾相识的气氛。库特夫人极其严格、细致、整洁，现在我还记得她对我每一个细小的语法错误都仔细地列出并做修改。“将来，你们会发现真实的世界比起我的期末作文来，要求会更加严格。但是不用怕，我要你们做的这些期末作文，会帮助你们为那个苛刻的世界做好准备！”艾多·库特夫人常爱这样说。

论文发下来的时候，教室里一片哀鸣。我把眼睛闭上，深呼吸，告诫自己一定要挺住。当我下定决心，猛地一下翻开卷子的时候，一个鲜亮的“A^+”跃入眼帘。在分数下面，德斯尔教授写了一句话：“下课后来找我。”

下课了，我走到讲台边。“我教了多年的大学会计课新生，”他说，“这是写得最好的作业。这说明，在教过你的老师里，必定有一位杰出的英语老师。如果他或是她还健在的话，你应该前去向这样一位老师表达你的感激之情！”

他的话让我马上就想到了库特夫人。但是库特夫人是那么一个不苟言笑的、严厉的老师，一想到要会见她，我心里首先就胆怯了。

傍晚，我还是鼓起勇气，来到了库特夫人家中。“整个秋天，我都在生病。”她用微弱的声音说，“我得了肺炎，刚好一点。”

库特夫人虚弱地倒在沙发上，示意我坐在旁边。我紧张地把那张期末作文拿出来，飞快地塞在她手里。她打开卷子看了一眼，疑惑地望着我。

“我大学里的会计课教授说，他知道在我以前读书的学校，必定有

一位像您这样的老师教过我，所以——嗯——”我结巴起来，“所以，我只是想来谢谢您，我真的很感激您曾为我做的一切，包括您对我的严格要求。”

库特夫人愣了愣，眼圈一下子红了，然后开始哭泣。“你是这么多年来第一个特地到我家来向我说感谢的人。”她哽咽着说，“孩子，你的来访比我吃过的所有药都管用，愿上帝保佑你。”她站起来，也拉着我站了起来，张开双臂紧紧地搂着我。

“见到您我也很高兴，库特夫人，我想我早就应该来向您道谢的。”我说。

那一刻，我觉得，我们拥有了整个世界。

写作技巧 / Writing Skill

插叙的手法，使结构摇曳多姿：文章以顺叙开篇，以顺叙结尾，中间穿插一部分对高中英语老师库特夫人的插叙，这段插叙是对库特夫人的必要补充，多变的叙述顺序使结构曲折生变。

爱的箴言 / Loving Speaking

“春蚕到死丝方尽，蜡炬成灰泪始干。”老师的付出不求回报，但我们对老师要怀有感恩的心，感谢他们为我们做的一切。抽出几分钟的时间，用一个电话、一封信件，来表达你的感激之情，捎去那些早就应该送达的祝福吧。

困苦时听到这句话

文/凯特琳·卡特利吉 [英]

困苦时听到的那句温言好语，令我们终生难忘。
那句体贴的话令我们坚强，伴我们成长。

第二次世界大战期间，在饱经轰炸的曼彻斯特，小孩子都尝尽艰苦。那时候民生拮据，许多家庭经常要上当铺，我家也不例外。虽然我的衣服烫得笔挺，鞋子擦得发亮，衣着却不完全符合学校对学生制服的规定。妈妈极力节省，大部分的校服都给我买了，但仍欠缺蓝色外套。

我就读的女校严格规定每一名学生都必须穿得中规中矩，虽然我多次解释为什么违规，但每天排队时，还是被拉出来，站在台上示众。每天站在同学面前，我都是强忍眼泪，困窘极了。

有一天，我家赢得报纸办的一个比赛，可免费拍一张全家福相片。

由于我一放学就要拍照，妈妈叫我穿上最好的衣服去上学，那是一件镶花边的鲜绿色衣裳。我忐忑不安，拖着沉重的脚步来到学校，在一片蓝色之中，一身翠绿自然成为目标。集会时，我不待叫唤，自行上台，承受其他女生的窃笑和副校长小眼睛的瞪视。

集会后，我们的第一堂课是英国文学。那是我喜欢的科目。老师也是我喜欢的。我欣慰地想，这一堂课我至少可以坐在教室后面，读狄更斯的《双城记》，暂忘烦恼，使心情平复。

不料麦克威老师一上课，就叫我坐在前面第一排。对着她，我又惊又惧，缓缓站起身，忍住眼泪，走到前面。她不会也加入了和我敌对的阵营吧？

我低着头，两眼望着地。我一次又一次被单独针对，很不好受，只是向来都努力隐藏自己的情绪，而这一次，泪水几乎失控。

我在前排坐下，老师侧着头，仔细对我上下打量。她接下来说的话，是我在这个刻薄环境中听到的最可爱的话。

“我认为在这所阴沉的学校里，你最明亮可爱。可惜我能欣赏的时间只限于这一堂课，而不是一整天。”

我稚嫩的心本来冷得像冰块，这时顿告融解。我挺直身子向她报以灿烂的笑容。她那句体贴入微的话，使我感到温暖，让我一整天都飘飘然。

麦克威老师专攻英国文学，但那天却给我甚至全班同学上了仁爱的一课，这一课我至今没忘。她教导我，困苦时听到一句温言好语，会没齿难忘。事实上，她那句体贴的话令我更加坚强。这坚强性格从此就没有因任何人或任何事物而削弱。

写作技巧 / Writing Skill

欲扬先抑，使结构多变：文章开篇不久便开始叙述“我”在学校里受到的不公平待遇，基调压抑沉闷；在英语课上，正当“我”以为又要受到伤害时，老师却说了一句温暖“我”心的话，令“我”心情变得灿烂，同时全文基调上扬，达到高潮。

爱的箴言 / Loving Speaking

在我们的求学路上，总会遇到一些可爱可敬的老师，他们用爱心为我们撑起一片蓝天，用智慧来浇灌我们心灵的花园。这样的老师是良师，是益友，他们给予的关爱将温暖我们一生。

露丝的生日

文/佚名

善良是最为朴素的美，你的一点点善心和关爱，
都会给他人带来意想不到的幸福，而你也会从中得到快乐。

我永远也不会忘记妈妈让我去参加一个生日宴会的那一天。那时候，我读三年级，一天，我带回家一份粘有些许花生油的请帖。

“我不打算去，”我说，“她是新来的一个女孩，名叫露丝，伯尼斯和帕特也不打算去。她邀请了我们全班的同学。”

妈妈仔细地端详着那份手工制作的请帖，神情有些忧伤。她说：“你应该去，明天我去给你挑选一件礼品。”

我坚决表示不去，但即使是歇斯底里也动摇不了妈妈。

星期六那一天到来了，一大早妈妈就把我从床上催了起来，并让我

把一个漂亮的红色化妆盒包好。

她用她那辆黄白色汽车把我送了过去。露丝开了门，示意我跟着她走上一段我所见过的最陡峭、也是最让人惊恐的楼梯。

进门之后，我才感到有一种极大的解脱，客厅内的阳光十分充足，硬木地板在阳光照耀下闪闪发光。屋子里的家具陈旧而又显得特别的拥挤，家具的背面和扶手上还覆盖着白布垫。

桌子的上面摆着一块我所见过的最大的蛋糕，上面装饰着9根粉红色的蜡烛，一个印刷草率的“露丝生日快乐”的印牌和一些我想大约是玫瑰的花蕊图案。

在蛋糕的旁边，摆着36个盛冰淇淋的纸杯，里面装着家庭制作的牛奶软糖，每个杯子上还都写着一个名字。

“你妈妈呢？”我问露丝。

她低着头看着地板，说：“唉，她有些不大舒服。”

“噢，你爸爸呢？”

“他已经去世了。”

接下来是一阵沉寂，只有几声沙哑的咳嗽从一扇关着的门后传出。过了近15分钟……接着又是10多分钟。突然间，一个可怕的念头闯入我的脑海：再没有人会来了。我怎么能离开这儿呢？正当我陷入对自己同情的时候，我听到一阵捂住嘴巴的抽泣声。我抬起头，看到了露丝那张被泪水划出一道道泪痕的脸。顷刻间，我的年仅8岁的幼小心灵被对露丝的同情所淹没了，同时充满了对我们班其他34个自私的同学的愤怒之情。

我踮起穿着白色皮鞋的双脚，用尽量大的声音宣告："谁需要他们！"

露丝吃惊地看着我，渐渐地变成欣喜的赞同。

这里有我们——两个小女孩和1个大蛋糕、36个装着糖果的冰淇淋杯子、冰淇淋，几加仑饮料，3打宴会赠品，要玩的游戏和胜利者的奖品。

我们从蛋糕开始，却找不到火柴。露丝（她已不再是简单的露丝了）不愿去打扰她妈妈，所以我们只是假装点着了蜡烛。露丝许了一个愿，开始吹灭那些想象中的火苗，我在旁边唱着“生日快乐”歌。

一转眼就到了中午。妈妈在外面按汽车喇叭。我赶紧收拾起所有的东西，再次感谢了露丝，向汽车飞跑过去。我的心里禁不住激动起来。

“我赢了所有的游戏！对了，其实，露丝赢了往驴子尾巴上别图钉的游戏，只是她说，过生日的女孩赢是不公平的，所以她把奖品给了我。我是唯一去那里的一个。我简直有些等不及了，我要告诉他们每一个人，他们错过了一个多么盛大的宴会呀！”

妈妈把车开到了路边上，停了下来。她紧紧地抱住我，眼睛里充满了泪水。她说：“我为你感到骄傲！”

写作技巧 / Writing Skill

线索明确，语言流畅：文章用流畅的语言记叙了我为同学过生日这件事，围绕这个中心，故事由妈妈劝说、我为同学过生日、妈妈接我回家等几个片段连缀而成，线索非常明确。

爱的箴言 / Loving Speaking

培根说：“缺少真正的朋友乃是最纯粹最可怜的孤独，没有友谊则斯世不过是一片荒野。”每个人都渴望友谊，都希望找到懂得自己、可以无话不谈的朋友。只要你伸出友谊之手，给别人以温暖与关爱，友谊之花定会处处盛开。

罗尼的书

文/朱迪丝·詹斯 [美]

一个小小的奖励会给一个孩子巨大的鼓舞，产生意想不到的力量，
老师的关爱和鼓励是我们前进的动力。

我在读大学之前，曾经当过一年的志愿教师，工作是帮助孩子们提高阅读能力。罗尼就是我在那个时候认识的。

罗尼头发散乱，脸上脏得能揭下一层灰，指甲里塞满黑黑的污垢。他穿着颜色和款式不搭配的破旧衣服，帆布鞋上污渍斑斑。

罗尼与同学们几乎不大交往，因为他讲话口吃，读不好，也写不好。他已经8岁了，但因为留级的缘故仍然在读一年级。

不过我很快就发现，脏兮兮的罗尼有其他孩子所不具备的勤奋精神。每当我走进教室，罗尼的眼睛总追随着我，眼里闪动着“叫我！叫

我”的渴望神情。有一次，我对他点了下头，他便飞也似地离开座位，眨眼间就到了我身边，紧挨着我坐下。他紧张而又激动地翻开书，那样子就像是在挖掘一件珍宝。

他的小黑手在每个字母下慢慢移动，奋力地读着每个字母，然后竭力把它们拼成单词。不一会儿，他的额头上就渗出晶莹的小汗珠，脸上露出灿烂的笑容，眼睛里闪烁出骄傲的神情。

一年转眼过去了。学年结束的前几周，我在班上举行了一次颁奖典礼。我为班上每个孩子准备了礼物和成绩单：桑得尔·奥托获得成绩优秀奖、皮格·特勒获得最快阅读奖，朗读声音洪亮的学生也有奖品。我决定以“最佳进步奖”来奖励罗尼，希望他能再取得进步。

我把证书授予罗尼，并奖给他一本儿童图书。他双手接过书，紧紧地抱在胸前，慢慢回到自己的座位上，泪水从他的面颊上滚落下来。那天，罗尼始终没有放下那本书。

几天后我返回学校辞行时，我看见罗尼一个人坐在操场边的长凳

上，专注地读他膝盖上那本翻开的书，嘴唇不停地翕动着。

他的老师对我说：“自从他得到这本书以来，他就一直带着它。你恐怕不知道，那是他得到的第一件礼物。”

我轻轻走到罗尼身后，把手放在他的肩上，问他：“读给我听听，行吗？”他扬起头，看着我笑了。随后的几分钟，罗尼满怀情感地读着。那本书已经被翻得有点旧了，仿佛它已被翻阅过上千遍似的。

罗尼读完后，用手摩挲着书的封面，愉快地说：“这本书真好。”我们并排坐在长凳上。一丝骄傲的神情闪现在他的脸上，也闪现在我的脸上。我握着罗尼的手，久久地望着他。我想不到，一个小小的奖励竟会给这个有缺陷的孩子这么大的力量。

写作技巧 / Writing Skill

细节描写细腻生动，凸显人物性格：罗尼在众人面前读书时的紧张与兴奋，接到礼物时的激动，独自读书时的专注……作者用白描的手法勾勒了一个有缺陷但是勤奋学习的孩子的形象。

爱的箴言 / Loving Speaking

平等和关爱是老师送给有缺陷的孩子的最好礼物，一份平等让他们感觉到自己不被孤立，自己被尊重；一份关爱是温暖他们心房的缕缕阳光，抚慰着他们受伤的心。

马里恩老师

文/苏珊娜·查琴 [美]

师者，传道授业解惑者也。
古今中外的老师，均是如此。

数学是令我恐惧的一门课程。第一次踏入大卫·马里恩的高等数学课堂时，我不知等待我的将会是什么。

上午8点整，一位戴眼镜的年轻人迈着轻快的脚步走进教室。“我叫马里恩，重音在后两个音节上。”他笑着说道。马里恩先生刚刚获得了数学博士学位，看起来睿智而自信。

16岁的我并无出众的才华，内心却踌躇满志。我信誓旦旦地宣称，在30岁前，我要成为一名小说家、歌曲作家以及环球旅行家。我上马里恩先生的课是因为学好高等数学是参加全国微积分等级考试的前提条件，要是通过了这个考试，就等于拿到了大学里一年应拿到的数学学分，可以减少很多学费。

马里恩先生在黑板上写了个公式，要求我们证明它成立。我没证明几步，就被难住了。他来到我身边，弯下腰，在纸上写了个方程式。“试试看，”他温和地说。我照着他的话去做，公式果然被证明出来了。“很好。”他说着，眼镜下露出了微笑，仿佛这结果是我自己算出来的。

然而，我显然是班上学得最差的一个。我们第一次大考时，我考了个C。我几乎要哭出来了。他盯着我说：“你想在这课上得到些什么？”“我不想不及格。”我小声说。“你不会不及格的，”他承诺，“只要你尽你最大的努力。”接下来的几个月，每天放学后他都为我补课。一次，当我无法解答一个问题而厌烦地丢下粉笔时，他说：“我明白数学对你来说是件头疼的事，但是与困难作斗争能使我们变得更加坚强。”

两年后的一个星期六，我顺利通过了全国微积分等级考试。二十多岁时，我成了一名杂志撰稿人。而立之年，我突然意识到自己还没有实现曾经有过的梦想，写本小说或是作曲。我无法控制在理想道路上停滞

不前的痛苦感受。很久没有人要求我做得更好了，我渴望着有人能再次这样要求我。于是，我找到了马里恩先生，希望他能够帮助我。他告诉我他在求学时代遭受过的失败与打击，以及他是如何克服的。

“如果你不能克服它，”他说，“那你就得凭你自身所拥有的去开辟出一条新道路。”他补充道：“我们每个人都有失败与遗憾。没有人总能做得最好，但如果你尽力了，你的才能得到发挥了，那你就能够克服你的困难或找到一个全新的、可能更好的方向。这就是成功的真正源泉——全身心投入某一事业，并为之奋斗。”

写作技巧 / Writing Skill

一线串珠，线索明确：马里恩老师帮“我”解题、为“我”补课、与“我”谈心，几个片段通过老师对学生的无私帮助这一线索串联起来，条理清晰，形式简洁。

爱的箴言 / Loving Speaking

少年时期，我们难免会因为成长的烦恼或生活中的难题而陷入迷茫、苦闷。这个时候，老师总会用他们丰富的人生阅历为我们指点迷津，为我们指明前方的道路。时光荏苒，烦恼和忧愁早已消失不见，留在心间的唯有老师的睿智话语和亲切脸庞。

没有头发的日子

文/爱丽森·蓝柏特［美］

青春的代名词是朝气蓬勃，是乐观向上，是自信满满，是斗志昂扬，是在人生的舞台上，尽情挥洒如火的岁月。

如果你年方十六，当你站在镜子前仔细审视自己时，你很可能会因为自己鼻子太大或哪里又多了一颗雀斑而烦恼不已，不但这样，你还觉得自己很笨，英文班上的那个男生，到现在为什么还没有注意到你。

爱丽森从没有碰到过这些问题。两年前，她是个聪明、美丽、受欢迎的初中生，还是校队曲棍球守门员和海上救生员。她身材高挑，水汪汪的蓝眼睛加上一头浓密的金发，使她看起来不像是一般的中学生，更像个泳装广告模特儿。但就在那年夏天，这一切骤然改变。

有一天，爱丽森刚把一头浓密发丝拨到眼前，“爱丽森，”她的母亲惊叫出声：“你把头发刮掉了吗？还是有人在你睡觉的时候偷刮的？”她发现女儿头皮上有一块光秃秃的肌肤，随后，她们以为是爱丽森用橡皮筋绑马尾时绑得太紧造成的。这件事很快就被抛到脑后了。

三个月后，爱丽森的头发又秃了另一块，接着又有第三块、第四块，很快她的头皮上就布满了铜钱大小的斑点，全是头发掉光后留下的痕迹。开始，医生诊断为“压力太大”，后来，另一位专家要她注射一些药剂。爱丽森的头皮打过针后，长出一点发根，但两个星期后便脱落了，她患的是一种名叫“脱毛症”的病，目前还无药可医。

虽然爱丽森有乐观的心态和一群支持她的朋友协助她渡过难关，但她偶尔还是会有低潮的时候。有一次她妹妹用毛巾包着头发到她房间来梳头，当毛巾松开时，松软浓密的发丝落在妹妹肩膀上，爱丽森用手指夹住自己仅剩的一小撮头发，泪如泉涌。这是整件事发生以来，爱丽森第一次流泪。

慢慢地，棒球帽已经遮不住爱丽森光秃秃的头皮，非得买假发不可了。不过她没打算假装一切都没发生——找一顶酷似以前金发的假发，反而选了长及肩膀的褐色假发。爱丽森外表更新后，信心大增。

但随着夏天临近，爱丽森有了新的烦恼。如果到水里不能戴假发，那她不是不能再担任救生员了吗？“为什么——难道你不会游泳了吗？”父亲问。她懂了。

令人不舒服的泳帽只戴了一天，爱丽森就鼓起勇气，顶着一个大光头到海边去。虽然偶尔会遇到一些怪异的眼神，有些人也会以不大礼貌的语气喝斥她：“你这小子把头发剃光做什么？”——但她对自己的新外貌已逐渐习惯。

那年秋天，爱丽森在没有头发、没有眉毛、没有眼睫毛的情况下来到学校——先前买的假发早就被她塞到衣橱的某个角落里。她按照先前的计划，决定参选学生会主席。她制作了一系列知名光头领袖的幻灯片，结果演说时大爆满，吸引了许多学生与教职人员来听。

当上学生会主席后，爱丽森第一次演说就拿自己的情况做文章，毫不扭捏地回答别人提出的问题。她穿了一件胸前印着“落发日”的T恤，指着胸前的字说：“如果你早上醒来，对自己的长相不满意，可以穿上这件T恤。”然后，她又拿起另一件T恤，盖在身上说：“我早上起来的时候，会穿上这件T恤。”这件T恤上写着“无发日”。每个人都鼓掌喝彩，而爱丽森——曲棍球守门员、海上救生员以及有着水汪汪蓝色眼睛的学生会主席——在讲台上向大家微笑致意。

写作技巧 / Writing Skill

欲扬先抑的写法，让文章跌宕起伏：抑是为了扬，重点在扬。文章先写爱丽森陷入落发困境，然后走出低谷，直面自己的缺陷，最后又以自己昂扬的生活态度来鼓励他人，基调逐渐上扬，令人振奋。

爱的箴言 / Loving Speaking

青春的道路总不是那么的平坦，有时我们不得不面对一些意料不到的人生小插曲。一味地怨天尤人、把自己埋在苦闷中并不能改变什么。只有勇敢地抬起头，直面人生，笑对人生，才能活得精彩。

美好的心灵不介意

文/玛丽·芭特斯·布雷［美］

身体是灵魂寄存的载体，不管居于怎样的皮囊，
美好的心灵都会由内而外散发出人性的魅力。

我们家位于一家医院对面。我们把楼上的房间出租给来医院就诊的病人，楼下的则自己居住。

一个夏日的傍晚，我正忙着准备晚餐。突然，门铃响了，一位瘦小的驼背老人站在门外，他的脸红肿而严重不对称，看起来有些可怕。然而，他的声音却和蔼友善，他说：“晚上好，太太。您这里有房间出租吗？我从东海岸来到这里的医院求医，回去的汽车明早才有。我从中午就开始找住的地方，可是没人接纳我。我猜都是因为我的脸。不过医生说，它会好起来的。”

说实话，那张可怕的脸让我有些犹豫不决，但是老人的诚恳最终打动了我。晚饭做好了，我们邀请老人一起进餐。“不了，谢谢你们的好意，我自己有食物。”老人笑着向我们摇了摇手中的纸袋。

晚饭后，我和老人聊了一会儿。我了解到，老人以捕鱼为生，养活着女儿一家七口。女婿因伤丧失了劳动能力。言谈之间，老人没有丝毫的怨天尤人。他本人患了一种皮肤癌，他为这病没有伴随疼痛而感到欣慰。

第二天临别之际，老人吞吞吐吐地说：“下次我来看病，还能住你们这里吗？我不会给你们添很多麻烦的。”我们表示欢迎他下次再来。

第二次，老人大约在早上7点钟就来到了我们家。他还带来了一条大鱼和一筐牡蛎作为礼物。

以后，老人经常来我们家过夜，每次他都会带给我们新鲜的鱼、牡蛎或者自家产的蔬菜。有时，我们还会收到他邮寄来的包裹。那是些盒装的鱼、牡蛎以及新鲜的菠菜和甘蓝，蔬菜的每片叶子都经过了细心的清洗。为了邮寄，他要走3英里的路……这些礼物代表着多么诚挚的情谊！

每当我收到这样的包裹，总会想起老人第一次离开我们家，邻居露茜发出的感慨：“你怎么收留了长相那么可怕的老头？他刚来到我们

家，我就把他打发走了！要知道，他会吓跑其他房客的。”

是的，也许我们会因此失去一两个房客，但我们全家都为认识他而高兴。从他那里，我们学会了一种宝贵的生活态度——无论你遇到怎样的不幸，都应该学会坦然接受。

后来在参观一位朋友家的暖房植物时，我看到了这样的一幕：所有花卉中最美的金菊花，竟然生长在锈迹斑驳的铁桶里。

我不禁笑了起来，因为我想到了那个老人。那是一颗如此美好的心灵，它不会介意屈居于一个瘦小的身体里的。

写作技巧 / Writing Skill

托物言志，升华主题：在篇末，作者用生长在锈迹斑驳的铁桶里的金菊花来比喻外貌怪异但心灵美好的老人，借助于这个具体之“物”，将主题表达得更巧妙、更完美、更充分、更富有感染力。

爱的箴言 / Loving Speaking

朋友不仅会给我们物质上的帮助，而且他们的生活态度也在潜移默化地影响着我们。一个真诚友善的朋友会让我们体会到友情的美妙、生活的美好，一个乐观向上的朋友会成为我们的榜样，鼓励我们勇敢面对生活。

美丽的谎言

文/王伶俐

真正的朋友不把友谊挂在嘴上，
他们并不为了友谊而互相要求点什么，而是彼此为对方做一切办得到的事。

高三那年，好友相聚话别，真是“草草杯盘共笑语，昏昏灯火话平生”。说不完的豪言壮语，道不尽的离愁别绪。曾经年少轻狂的我们，那一刻笑得好开心，竟掉下了泪……我们约定了种种联系和相聚的方式。好友恒建议元旦时不互寄贺卡，以显示我们与世俗的差别。我听后把头埋得很深，沉默不语。这一直是我最不愿谈及的话题。

自从老爸因车祸花去了大笔的药费，我和妹妹的学费便成为母亲沉重的负担。此后，每逢元旦前夕的那些日子，我都感到度日如年，纵使节衣缩食，单是买贺卡的那笔不大不小的开支，就足以令我“愁肠百

结”。可是自己又偏生在一个重视“礼尚往来”的社会，因此那些日子，我总是谈“卡”色变。而今，贺卡的档次也是突飞猛进，更是令人“可远观而不可亵玩焉”。

恒说完后，大家纷纷发言，各抒己见。慧慷慨陈词：“我赞同恒的意见，我们就要成为大学生了，应有自己最独特的方式，这些天真、幼稚甚至是俗气的形式主义，我们应该摒弃。”

之后，其他人也发表了意见，最后一致通过了元旦不寄贺卡的决定。我如释重负地松了口气，暗自庆幸我的这些朋友居然无意中替我解决了一大难题。那天，我们洒泪分别后，便天各一方了。

时间飞逝，转眼佳节将至，想起当初的约定，看着街上形状各异的贺卡，心中倒也轻松自如。圣诞节前，大学的室友们便陆续收到朋友们寄来的贺卡。看着她们兴高采烈的样子，我心中有种怅然若失的感觉。为什么在这个热闹的季节里，单把我一人留在这个被遗忘的清冷角落？

今天已经是元旦了，室友们都出去玩儿了。我独自坐在阳台上，呆呆地望着远方，心如乱麻。猛然间，我的第六感觉告诉我有人在叫我，回过头，生活委员把一摞厚厚的信放到我的手里，说了声：“新年快乐！”我愣住了，一脸的茫然，继而是阵狂喜。我迅速拆开信封，看着上面熟悉的字体、幽默的话语、亲切的问候，我说不出话来。每拆开一封信，就有一股温馨的气息扑面而来，眼前就会浮现出一张张熟悉的笑脸……我的手颤抖着，竟无语凝噎。仔细看看信封上的邮戳，竟然是同一天，他们计算着刚好让我在元旦这天收到，让我自处“绝境”，不留丝毫“礼尚往来”的回旋余地。霎那间，我明白了当初的约定……

我泪流满面地笑了。其实从约定的那一天起，我就应该明白这本是一个美丽的谎言，那时我实在是太“聪明”了。

忽然我想起了一句诗：眼中有泪，心中才有彩虹……

写作技巧 / Writing Skill

引用名句使文章锦上添花：“草草杯盘共笑语，昏昏灯火话平生”“可远观而不可亵玩焉”“竟无语凝噎”，文章多处借用名句，平添几分文学气息。

爱的箴言 / Loving Speaking

人生不能没有朋友，但真正的朋友却并非随处可见。真正的朋友，在你困难的时候，不会对你施加任何压力；在你不幸的时候，不会对你袖手旁观；他们快乐着你的快乐，悲伤着你的悲伤。请珍惜这份珍贵的友谊！

美术系的女生

文/佚名

真正的强者不会等着天上掉馅饼，身处困境的他会在意志的支持下，创造机会，让自己走向成功。

有一位美术系刚毕业的女生，对于设计服装的布料和花样非常有兴趣，她决定要涉足这一行。只是，刚开始进入这个行业非常困难，因为无论是使用布料的服装设计师，或者是制造服装的工厂都有自己已经很习惯的供应商。对于一个完全陌生、甚至还只是初出茅庐的布料设计者，他们根本就没什么兴趣。

女生拿着一堆自己长期呕心沥血设计的作品，来到一个著名服装设计师的公司。助理设计师本想打发她走，可是见她一副渴求的模样，便于心不忍地对她说："好吧！我拿进去给我们的设计师看一下。"

过了一会儿，助理设计师出来对女生说："设计师说，我们的设计图太多了，根本没时间看。"

这位女生又跑到制造服装的工厂，结果也是一样。她四处碰壁，心情十分沮丧，但心想一定要坚持下去。她想，只要方法用对了，不断地尝试，就一定能打开僵局。

有一天，这位女生来到一位著名歌星的签名会上，大名鼎鼎的歌星拥有许多歌迷。女生挤在一堆歌迷里面，也以一副十分崇拜的样子望着歌星。好不容易轮到她和歌星握手时，女生从背包里拿出一些布样和自己的设计图，对歌星说："我好崇拜你哟！真想为你设计漂亮的服饰。请您在这几块布上为我签名。"

歌星看了这些布料和设计图后说："哇！好漂亮！请你和我的服装设计师联络，我想用这些布料做衣服。这是她的电话，就说是我叫你去找她的。"

女生开心地说："好啊！我明天就去。"

第二天一大早，女生就来到先前泼了她一头冷水的著名设计师的公司。

女生拿出有歌星签名的布料来，对助理设计师说："是她叫我来找你们的，她说要用这些布料做衣服。"

助理设计师进办公室不到几分钟，著名设计师就带着满脸的笑容走出来见她。女生就这么走进了这个行业，而且越来越受客户的欢迎。

写作技巧 / Writing Skill

文风朴实，道理不言自明：文章没有精巧的结构，没有优美的语言，然而一个关于坚持与智慧的故事却在娓娓叙述中展现在读者面前，作者所要传达的道理隐含在故事之中，读后令人回味无穷。

爱的箴言 / Loving Speaking

人生道路上，总是布满荆棘，充满艰辛，有的人中途退却了，或者另寻他途，只有那些抱定坚定的信念继续走下去的人，才有可能看到这条路上原有的最美的风景。

棉袄与玫瑰

文/杰瑞·沃曼 [美]

娇艳的玫瑰，一闪一闪的是晶莹的水滴。
清贫的生活有了玫瑰与爱心的装点，显得格外温馨和幸福。

在小镇最阴湿寒冷的街角，住着约翰和妻子珍妮。约翰在铁路局干一份扳道工兼维修的活，又苦又累；珍妮在做家务之余就去附近的花市做点杂活，以补贴家用。生活是清贫的，但他们是相爱的一对。

冬天的一个傍晚，小两口正在吃晚饭，突然响起了敲门声。珍妮打开门，门外站着一个冻僵了似的老头，手里提着一个菜篮。

“夫人，我今天刚搬到这儿，就住在对街。您需要一些菜吗？”老人的目光落在珍妮缀着补丁的围裙上，神情有些黯然了。

“要啊，”珍妮微笑着递过几个便士，“胡萝卜很新鲜呢。”

老人浑浊的声音里又有了几分激动："谢谢您了。"

关上门，珍妮轻轻地对丈夫说："当年我爸爸也是这样挣钱养家的。"

第二天，小镇上下了很大的雪。傍晚的时候，珍妮提着一罐热汤，踏过厚厚的积雪，敲开了对街的房门。

两家很快结成了好邻居。每天傍晚，当约翰家的木门响起卖菜老人笃笃的敲门声时，珍妮就会捧着一碗热汤从厨房里迎出来。

圣诞节快来时，珍妮和丈夫商量着从开支中省出一部分来，给老人置件棉衣："他穿得太单薄了，这么大的年纪每天出去挨冻，怎么受得了？"约翰点头默许了。

珍妮终于在平安夜的前一天把棉衣赶成了，铺着厚厚的棉絮，针脚密密的。平安夜那天，珍妮还特意从花店带回一枝处理玫瑰，插在放棉衣的纸袋里。她趁着老人出门卖菜，放到了他家门口。

两个小时后，约翰家的木门响起了熟悉的笃笃声，珍妮一边说着

"圣诞快乐"一边快乐地打开门，然而，这回老人却没有提着菜篮子。

"嗨，珍妮，"老人兴奋得微微摇晃着身体，"圣诞快乐！平时总是受你们的帮助，今天我终于可以送你们礼物了。"老人说着，从身后拿出一个大纸袋，"不知哪个好心人送到我家门口的，是件很不错的棉衣呢。我这把老骨头冻惯了，送给约翰穿吧，他上夜班用得着。还有，"老人略带羞涩地把一支玫瑰递到珍妮面前，"这个给你，也是插在这纸袋里的，我淋了些水，它美得像你一样。"

娇艳的玫瑰上，一闪一闪的是晶莹的水滴。

写作技巧 / Writing Skill

细腻的对话描写，颇具感染力：行文看似波澜不惊，但所有的情感全部深藏于字里行间。尤其是细腻的对话描写，推动了情节向前发展，细细品味更给人一种震撼心灵般的效果，意味深长。

爱的箴言 / Loving Speaking

一朵娇艳的玫瑰，一件厚厚的棉袄，一个爱与感恩的故事，一份人世间最温暖的真情。珍妮播种了爱的种子，老人用感恩回馈了珍妮爱的花园。不管多么清贫，有了爱与感恩的支撑，生活必不寂寞。请感恩朋友吧！你必收获更多的回报。

难忘的一句话

文/伯德 [加拿大]

不管是一朵开错时令的小花，还是一棵长歪方向的小草，
在一个充满爱心的人的眼里，它们的生命都依然是可爱的。

随着年龄增长，我发觉自己越来越与众不同。我气恼，我愤恨——怎么会一生下来就是兔唇！我一跨进校门，同学们就开始讥讽我。对别人来说，我的模样确实令人厌恶：一个小女孩，有着一副畸形难看的嘴唇，弯曲的鼻子，倾斜的牙齿，说起话来还结巴。

同学们问我："你嘴巴怎么会变得这样？"我撒谎说小时候摔了一跤，被地上的碎玻璃割破了嘴巴。我觉得这样说，比告诉他们我生下来就是兔唇要好受点。我越来越肯定：除了家里人以外，没人会爱我，甚至没人会喜欢我。

二年级时，我进了伦纳德夫人的班级。伦纳德夫人很胖，很美，温馨可爱。她有着金光闪闪的头发和一双黑黑的、笑眯眯的眼睛。每个孩子都喜欢她、尊敬她。但是，没有一个人比我更爱她。因为这里有个很不一般的缘故——我们低年级同学每年都有“耳语测验”。孩子们依次走到教室的门边，用右手捂着右边耳朵，然后老师在她的讲台上轻轻说一句话，再由那个孩子把话复述出来。可我的左耳先天失聪，几乎听不见任何声音，我不愿意把这事儿说出来，因为同学们会更加嘲笑我的。

不过我有办法对付这种“耳语测验”。早在幼儿园做游戏时，我就发现没人看你是否真正捂住了耳朵，他们只注意你重复的话对不对。所以每次我都假装用手盖紧耳朵。这次，和往常一样，我又是最后一个。每个孩子都兴高采烈，因为他们的“耳语测验”做得很好。我心想：老师会说什么呢？以前，老师们一般总是说“天是蓝色的”，或者“你有

没有一双新鞋”等等。终于轮到我了，我把左耳对着伦纳德老师，同时用右手紧紧捂住了右耳；然后，悄悄把右手抬起一点，这样就足以听清老师的话了。

我等待着……然后，伦纳德老师说了一句话，这一句话仿佛是一束温暖的阳光直射我的心田，这一句话抚慰了我受伤的、幼小的心灵，这一句话改变了我对人生的看法。这位很胖、很美、温馨可爱的老师轻轻说道：

“我希望你是我女儿！”

写作技巧 / Writing Skill

巧用排比，增强文章表达效果：“这一句话仿佛是……”、“这一句话抚慰了……”、“这一句话改变了……”，三个排比句写出了那句话对“我”的影响，抒发了“我”对伦纳德老师的感激之情。

爱的箴言 / Loving Speaking

面对一个因身体残疾而自卑的孩子，伦纳德老师用慈母般的爱温暖了她的心，让她重新鼓起面对生活的勇气，这就是爱心的力量。一个充满爱心的老师会得到学生永远的尊敬和爱戴，会让学生感恩一生。

能给予就不贫穷

文/马旭

一双纸做的皮鞋，一颗善良的童心，一个感恩与关爱的故事。
有爱的日子里，生活将不再苦涩。

教师节那天，一大群孩子争着给他送来了鲜花、卡片、千纸鹤……一张张小脸洋溢着快乐，仿佛过节的不是老师，倒是他们。

一张用硬纸做成的礼物很特别，硬纸板上画着一双鞋。看得出硬纸板是自己剪的，周边很粗糙；鞋是自己画的，图形很不规则；颜色是自己涂的，花花绿绿的。上面歪歪扭扭地写着："老师，这双皮鞋送给你穿。"署名看得出是一个女孩写的。这个班级他刚接手，对班上的情况还不是很熟，从开学到教师节，也就十天。

他把"鞋"认真地收起来，"礼轻情义重"啊！节日很快就过去了，一天，他在批改作文的时候，明白了这个女同学送他这双“鞋”的理由。

“别人都穿着皮鞋，老师穿的是布鞋，老师肯定很穷，我做了一双很漂亮的鞋子给他，不过那鞋不能穿，是画在纸上的，我希望将来老师能穿上真正的皮鞋。我没有钱，我有钱一定会买一双真皮鞋给老师穿的。”

这是一个不足十岁的小姑娘的心愿，他的心为之一动。但是，她怎么知道穿布鞋就是穷人呢？ 他想问问她。

这是一个很文静的女孩子，一双眼睛清澈得不含任何杂质。当她站到他面前的时候，他似乎找到了答案。

他看到了她正穿着一双布鞋，鞋的边缘裂开了，这双布鞋显然与他脚上的这双布鞋不一样。

于是有了下面的对话。

“爸爸在哪里上班？”

“爸爸在家，下岗了。”

“妈妈呢？”

“不知道……走了。”

他再一次看了看她脚上的布鞋，那一双开裂了的布鞋。 他从抽屉里

拿出那双“鞋”来。这时他感受出这双鞋的分量。

她问，老师你家里也穷吗？他说，老师家里不穷。你家里也不穷。

同学都说我家里穷。她说。

他说，你家里不穷，你很富有，你知道关心别人，送了那么好的礼物给老师。老师很高兴。

他带着她来到教室。他问大家，老师为什么穿布鞋呢？有的同学说，好看。有的说，透气，因为自己的奶奶也穿布鞋。有的同学说健身，因为自己的爷爷打拳的时候都穿布鞋。很奇怪，没有人说他穷。他说，穿布鞋是一种习惯，透气、舒适、有益健康。

后来这位老师告诉学生们，脚上穿着布鞋心里却装着别人，是最让老师感到幸福的！只有富有的人才能给予别人，能给予就不贫穷。

写作技巧 / Writing Skill

以小见大，线索明确：布鞋在文中反复出现，串联起一个感恩与关爱的故事，题材虽小，表达的主题却深刻感人。

爱的箴言 / Loving Speaking

一个眼神就是一种肯定，一个微笑就是一种鼓励，一句安慰就能抚平创伤。老师的爱是深沉的，不留痕迹，却让人体味至深。

七 班

文/珍妮丝·康纳利[美]

她的鼓励唤回了我们的自信，激发我们向上；
她的坚持是我们学习的动力，敦促我们前行。

我开始教学生涯的第一天，头几节课比较顺利。接着，轮到了那天的最后一节课——给七班上课。

我刚走进教室，就见一个男孩将另一个男孩按在地板上。“听着，你这低能儿，”被压在底下者嚷道，“我又没骂你妹妹！”

“不许你碰她！你听到我的话了么？”骑在上面的男孩威胁道。

我叫他们停止打斗，两个男孩爬起来，慢条斯理地走到自己座位上。

下课后，我拦住了打架的那个男孩，他叫马克。“老师，别浪费时间啦！”他说，“我们是低能儿。”说罢便优哉游哉地溜出了教室。

我颓然跌坐到椅子上，开始怀疑我是否该当教师。我对自己说，我估且忍耐一年——待明年夏天结婚后，我将去做更有趣的事情。

当我回到办公室，一位同事告诉我说，七班的学生是随季节流动的摘棉工的孩子，只有在心血来潮时，才会来上学。他劝我不要把时间浪费在那帮孩子身上。

当我收拾东西回家时，总也忘不了马克说“我们是低能儿”时脸上的表情。“低能儿”，这字眼在我脑海里反复出现。我琢磨了许久，认为必须采取点行动。

次日下午，我走到黑板跟前，写上“丝妮珍”。“这是我的名字，”我说，“你们能告诉我它是什么吗？”孩子们说这名字挺古怪的，于是，我又写下“珍妮丝”。几个学生当即脱口念出声来，随后饶有兴趣地说那就是我。

“你们说得对，我的名字叫珍妮丝。”我说，“我刚上学时，老把自己的名字写错，被人称作‘低能儿’。”

“那你是如何成为老师的？”有个学生问。

“因为我恨那外号。我脑子一点也不笨，我最爱学习，所以才会在今天给你们上课。倘若你们喜欢‘低能儿’这贬称，你们换个班好了。这间教室里没有低能儿！我不会迁就你们。你们要加倍努力，直到你们赶上来。在这间教室里，我再也不想听到‘低能儿’这词儿了。因为，你们都是最优秀的，明白了吗？”

这时，我发现他们似乎坐得端正些了。

几个月眨眼间过去了，孩子们的进步令人吃惊。有一天，马克说："人家认为我们笨，还不是因为我们讲话不合规范。"这正是我期待已久的时刻。从此，我们开始专心学习语法，因为他们需要它。

6月日益临近，我就要离开这个州去结婚了。每逢我提起这事，七班的学生们便明显躁动不安。我为他们喜欢我而高兴。

我最后一天去上课时，当我穿过走廊，看到七班的教室外边，14名同学整齐地站成两排，个个笑逐颜开。"安德逊小姐，"马克自豪地说，"二班送给您玫瑰，三班送给您胸花——然而，我们更爱您。"他示意我进门，我往里头瞧去——教室的每个角落都摆着花枝，我的讲桌铺了一块大大的花"毯"。我惊讶极了：他们是怎么办成这事的？要知道，他们大多来自贫困家庭，为了吃饱穿暖得靠学校补助。

我不由得哭泣起来，他们也跟着我哭起来。后来，我才知道：马克周末在花店干活时，看到了别的几个班为我订的鲜花。这个自尊心极强的孩子，再不能忍受"穷光蛋"这类带侮辱性的称呼。为此，他央求花店老板将店里不新鲜的花统统给他。尔后，他又打电话到殡仪馆，解释说他们班需要花为即将离任的老师送行。对方颇受感动，同意把葬礼后剩下的花

束给他。

那远不是他们给我的唯一礼物。两年后，14名同学全都毕业了，其中还有6人获得了大学奖学金。

20年后，马克已成为一位成功的企业家。更凑巧的是，三年前，马克的儿子进了由我执教的优秀生英文班。

每当我回忆起自己居然想放弃这一职业，去做“更有收益”的事情时，我就禁不住哑然失笑。

写作技巧 / Writing Skill

结尾水到渠成，前后照应：在遭遇到学生的顶撞后，“我”对自己的工作产生了怀疑，想去做“‘更有收益’的事情”，然而，经过“我”的一番努力，学生们取得了惊人的进步，“我”不禁为自己当初的决定哑然失笑。水到渠成的结尾，给人深刻、鲜明的印象。

爱的箴言 / Loving Speaking

有位老师曾经说过：“谁爱孩子，孩子就爱谁，只有爱孩子的人，才可以教育好孩子。”当别的老师认为七班的孩子无可救药时，安德逊小姐没有放弃，她给他们以鼓励、信心和希望。老师播种了爱的种子，在学生心间浇灌出了爱的花朵。

人生的一大秘密

文/亨利·欣德尔［美］

他的别出心裁唤醒了学生的学习热情，
他的谆谆教导留在了每一个学生的心中。

我至今还清楚地记得读高中时最后一学期的第一堂英语课。我们这些男孩子翘首期待着新老师的到来，不多时，一位个头很高、约莫四十来岁的男人走了进来。他腼腆地向我们问好，然后把自己的名字——威尔马·斯通写在黑板上。

“先生们，”他说，“我们这学期将一块儿学习一些有关新闻写作的知识，最重要的是，我们将努力感受优秀的文学作品给人带来的乐趣……”他的语气中没有任何教诲的意思，而是充满友好与理解。

接下来的日子里，斯通先生给了我们一个老师所能给的最了不起的礼物——唤醒了我们的学习热情。他总能找到一种方法来吸引我们的注意，比如先是透露某部文学作品中人物与思想的一部分，引起我们的好奇，然后戛然而止，说："我还以为你们读过某某作品呢！"看到我们摇头，他就在黑板上写下某本书的名字。

他十分推崇广泛的课外阅读。有一次他说："如果你生活在另一个世纪或是另一个国度，你的感觉会怎样？为什么不在18世纪大革命时期的法国生活一会儿呢？"他停下来，在黑板上写下《双城记》——狄更斯；"或者在罗马帝国住一段时间？"他写下《本·赫尔》——华莱士。

在毕业典礼之前，全班同学决定给斯通先生举行一场文学欢送会，我们编写了诗歌和歌曲。一位同学提议编一首模仿诗，我们便模仿吉尔伯特和沙利文的《警察的遭遇很不幸》，将其改为《威尔马的遭遇很不幸》。

那天下午，斯通先生在第一排就座。当我们开始合唱那首模仿诗时，我们看到有泪水顺着斯通先生高高的颧骨滚落下来。快唱到结尾

时，大伙儿喉头哽咽，再也唱不下去了。

斯通先生掏出一块手帕，擤了一把鼻涕，揩了一下脸。“孩子们，”他开口说话，“我们美国人不大擅长表达感情。但我想告诉大家，你们给了我终生难忘的东西。那就是人生的一大秘密——给予，把这一思想留给你们也许是恰当的。只有当我们给予的时候，我们才是真正幸福的。我们一直在学习的那些伟大的作家之所以伟大，就是因为他们为别人全身心地献出了自己的时间和精力。我们是伟大还是渺小，取决于我们给予别人的是多还是少。”

我知道，威尔马·斯通先生生命的一部分已经留在了曾在318教室里聆听他教诲的我们每一个人的心中。

写作技巧 / Writing Skill

先叙后议，点明题旨：文章先是叙述了一位老师唤醒了学生们的学习热情、学生们举办欢送会作为回报，之后老师的一段议论性的话语紧承上文，点明了文章的主旨：人生的一大秘密——给予。议论深刻有力，富有哲理。

爱的箴言 / Loving Speaking

当文中的老师将友好与理解给予了他的学生，把爱给予了他的学生，学生们真正地理解了老师的话——人生的一大秘密在于给予。老师的教诲是照亮学生心灵窗户的盏盏烛光，会让学生铭记一生。

上帝只给他一只老鼠

文/汤潜夫

人生需要激情，需要勇气，需要自信，也需要耐心……
只要你时刻准备着，早晚会厚积而薄发。

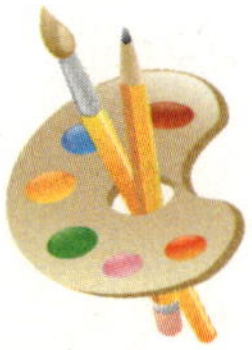

这是一位孤独的年轻画家，除了理想，他一无所有。

为了理想，他毅然出门远行，来到堪萨斯谋生。起初他到一家报社应聘，他认为那里有他需要的艺术氛围。但主编看了他的作品后大摇其头，认为作品缺乏新意，不予录用。和所有出门打天下的年轻人一样，他初尝了失败的滋味。

后来，他终于找到了一份工作：替教堂作画。可是报酬极低，他无力租用画室，只好借用一间废弃的车库。没有比这更艰苦的了！每天工作到深夜的他总这么想。

尤其烦人的是，每次熄灯睡觉时，总能听到老鼠“吱吱”的叫声和在地板上的奔跑声。也许是太累了，他一沾着地板就能呼呼大睡。就这样，一只老鼠和一位贫困的画家和平共处，倒也使这间废弃的车库充满了生机。

有一天，当疲倦的画家从画板上抬起头时，他看见昏黄的灯光下有一对亮晶晶的小眼睛，那是一只小老鼠。如果是在几年前，他会设计出种种计谋去捕杀那只老鼠，但是现在他不会，一只死老鼠难道比活老鼠更有趣吗？磨难已经使他具备了大艺术家所具有的悲天悯人的情怀。他微笑着注视着那只可爱的小精灵，可是它却飞快地溜了，像个羞怯的小姑娘。窗外风声呼啸，可他听在耳里如天籁一般，他感到自己并不孤单，

好歹有一只老鼠与他为邻，它还会来的。带着这种信念，他埋头工作。

那只小老鼠果然一次次出现。他从来没有伤害过它，甚至连吓唬都没有过。它在地板上做着各种动作，表演精彩的杂技。而他作为唯一的观众，则奖给它一点点面包屑。老鼠先是离他较远，见他没有伤害它的意思，便一点点靠近。最后，老鼠竟然大胆地爬上他工作的画板，并在上面有节奏地跳起舞来。而他呢，绝不会赶走它，而是默默地享受与它亲近的情意。一段日子后，他们互相信任，彼此间建立了友谊。

不久，年轻的画家被人介绍到好莱坞去制作一部以动物为主的卡通片。这是他好不容易得到的一次机会，他似乎看到理想的大门向他开了一道缝。但不幸的是，他再次失败了。多少个不眠之夜，他在黑暗里苦苦思索，他怀疑自己的天赋，怀疑自己真的一文不值，他在思索着自己的出路。就在他潦倒不堪的某天夜里，他突然想起了堪萨斯车库里那只爬到他画板上跳舞的老鼠，灵感就在那个黑夜里闪出一道耀眼的光芒。他迅速爬起来，打开灯，支起画架，三笔两笔就画出了一只老鼠的轮廓。

于是，历史上最伟大的动物卡通形象——米老鼠就这样不经意地诞生了。灵感只青睐那些肯思考的头

脑，这位年轻的画家就是后来美国最负盛名的人物之一——才华横溢的沃尔特·迪斯尼先生，他创造了风靡全球的米老鼠。谁能想到，曾经在那间充满汽油味的车库里生活过的一只小老鼠竟是世界上最负盛名的卡通形象的原型。米老鼠足迹所至，所受到的欢迎让许多明星望尘莫及，也让沃尔特·迪斯尼名噪全球。

堪萨斯那间充满汽油味的车库，沃尔特·迪斯尼后来评论它说："至少要值一百万美金。"其实那里什么都没有，只有一只老鼠，那是上帝给他的。上帝给谁的都不会太多。

写作技巧 / Writing Skill

线索明朗，一线到底：一只小老鼠贯穿全文，文章以它的名不见经传到名噪全球，解说了沃尔特·迪斯尼的奋斗历程，说明成功来源于生活，来源于不懈努力，来源于对生活的不断思考。

爱的箴言 / Loving Speaking

不用抱怨上帝给的太少，上帝给谁的都不会太多。成功的人都是抓住自己拥有的东西，充分发挥它们的作用而成功的。只要我们肯付出辛勤的汗水，坚持不懈地努力，早晚有一天，我们学到的东西会帮助我们走上成功之路。

生命的药方

文/托马斯·沃特曼［美］

有的时候，孤独比疾病更令人痛苦。
友情是生命的药方，是一个人不可或缺的精神财富。

德诺10岁那年因为输血不幸染上了艾滋病，伙伴们全都躲着他，只有大他4岁的艾迪依旧像从前一样跟他玩耍。离德诺家的后院不远，有一条通往大海的小河，河边开满了五颜六色的花朵。艾迪告诉德诺，把这些花草熬成汤，说不定能治他的病。德诺喝了艾迪煮的汤，身体并不见好转，谁也不知道他还能活多久。一个偶然的机会，艾迪在杂志上看见一则消息，说新奥尔良的费医生找到了能治疗艾滋病的植物，这让他兴奋不已。于是，在一个夜晚，他带着德诺，悄悄地踏上了去新奥尔良的路。

他们是沿着那条小河出发的。艾迪用木板和轮胎做了一个结实的

船，他们躺在小船上，听流水哗哗的声响，看满天闪烁的星星。艾迪告诉德诺，到了新奥尔良，找到费医生，他就可以像别人一样快乐地生活了。不知漂了多远，船进水了，孩子们不得不改搭顺路汽车。为了省钱，他们晚上就睡在随身带的帐篷里。德诺咳得很厉害，从家里带的药也快吃完了。这天夜里，德诺冷得直发颤，他用微弱的声音告诉艾迪，他梦见两百亿年前的宇宙了，星星的光是那么暗那么黑，他一个人待在那里，找不到回来的路。艾迪把自己的球鞋塞到德诺的手上："以后睡觉，就抱着我的鞋，想想艾迪的臭鞋还在你手上，艾迪肯定就在附近。"

孩子们身上的钱差不多用完了，可离新奥尔良还有三天三夜的路。德诺的身体越来越弱，艾迪不得不放弃了计划，带着德诺又回到家乡。不久，德诺就住进了医院。艾迪依旧常常去病房看他，两个好朋友在一起时病房便充满了快乐。

他们有时还会合伙玩装死游戏吓医院的护士，看见护士们上当的样子，两个人都忍不住大笑。

秋天的一个下午，艾迪在病房陪着德诺，夕阳照着德诺瘦弱苍白的脸，艾迪问他想不想再玩装死的游戏，德诺点点头。然而这回，德诺却没有在医生为他摸脉时忽然睁眼笑起来，他真的死了。

那天，艾迪陪着德诺的妈妈回家。两人一路无语，直到分手的时候，艾迪才抽泣着说："我很难过，没能为德诺找到治病的药。"

德诺的妈妈泪如泉涌："不，艾迪，你找到了。"她紧紧地搂着艾迪，"德诺一生最大的病其实是孤独，而你给了他快乐，给了他友情，他一直为有你这个朋友而满足……"

三天后，德诺静静地躺在了长满青草的地下，双手抱着艾迪穿过的那只球鞋。

写作技巧 / Writing Skill

叙述中饱含深情，打动人心：作文要有真情实感，否则不能打动人。本文并不是干巴巴地记叙一个关于友情的故事，而是在叙述中充满对德诺的悲悯和对艾迪的赞颂，读者读毕一定既为德诺的死而悲伤，又被艾迪的善良所感动。

爱的箴言 / Loving Speaking

友谊，是生命里的阳光，它让人生走过的每一个历程都充满温暖和光明。友谊，是淡淡的花香，它让我们度过的每一天都能闻到它所散发的芬芳。友谊，值得每一个人好好珍藏。让我们珍惜幸福，学会感恩。

生死跳伞

文/佚名

当你感叹友情并非牢不可破时，“士为知己者死”的友情在某个角落正在上演。有的朋友像是一杯酒，浓郁得瞬间可以燃烧你的心。

汤姆有一架小型飞机。一天，汤姆和好友库尔乘飞机飞跃一个人迹罕至的海峡。飞机已飞行了两个半小时，再有半个小时，就可到达目的地。

忽然，汤姆发现飞机上的油不多了，他估计是油箱漏油了。因为起飞前，他给油箱加满了油。汤姆一公布这个消息，库尔就一阵惊慌。汤姆安慰他：“没关系的，我们有降落伞！”说着，他将操纵杆交给也会开飞机的库尔，然后走向机尾，拿来了降落伞。汤姆手里拿着一个降落伞包，在库尔身边也放了一个。他说：“库尔，我的好兄弟，为了减轻飞机的重量，我先跳伞了，你开好飞机，在适当的时候再跳吧。”说完，他跳了下去。

飞机上就剩下库尔了。这时仪表显示油料已尽，飞机靠滑翔无力地向前飞。库尔也决定跳下去。于是他一手抓紧操纵杆，一手抓过降落伞包。他把手伸进伞包一掏，不禁大惊，包里没有降落伞，是一包汤姆的旧衣服！

库尔大骂汤姆。现在一没伞可跳，二没油料，飞机仅靠滑翔是飞不长久的！库尔急得浑身冒汗，只好使出浑身解数，往前能开多远算多远。

飞机无力地朝前飞着，往下降着，离海面越来越近……就在库尔彻底绝望时，奇迹出现了——一片海岸出现在眼前。他大喜，用力猛拉操纵杆，飞机贴着海面冲过去，“嗵”的一声撞在松软的海滩上，库尔晕了过去。

半个月后，库尔回到他和汤姆居住的小镇。他拎着那个装着旧衣服的伞包来到汤姆的家门外，发出狮子般的怒吼：“汤姆，你这个出卖朋友的家伙，给我滚出来！”

汤姆的妻子和三个孩子跑出来，问他发生了什么事。库尔很生气地

讲了事情的经过，并抖动着那个包，大声地说：“看，他就是用这东西骗我的！他没想到我没死，真是老天保佑！”

汤姆的妻子说了声“他一直没有回来”，就认真翻看那个包。旧衣服被倒出来后，她从包底拿出一张纸片。但她只看了一眼，就大哭起来。

库尔一愣，拿过纸片来看。纸上有两行极潦草的字，是汤姆的笔迹，写的是：

库尔：我的好兄弟，机下是鲨鱼区，跳下去必死无疑。不跳，没油的飞机不堪重负，会很快坠海。我跳下后，飞机减轻了重量，肯定能滑翔过去……你大胆地向前开吧，祝你成功！

写作技巧 / Writing Skill

开头巧设伏笔，结尾出人意料：库尔为朋友的背叛而伤心、愤怒，最后却得知朋友的所作所为完全是为了保全他的生命。故事的结局出人意料，这样的结尾让读者受到心灵的震撼，整个故事显得不同凡响。

爱的箴言 / Loving Speaking

有时候，你的所见并非就是事情的真相。当你和朋友的友谊呈现非常态时，不要轻易怀疑友谊，否定友谊，也许你的朋友此时正在无言地为你做着牺牲。珍惜友谊吧，你将会收获更多。

世上最美味的泡面

文/佚名

人生百味，再添加一点“亲情的理解”作为作料，
生活的味道会更美。

他是一个单身爸爸，独自抚养一个7岁的小男孩。每当孩子和朋友玩耍受伤回来，他便对妻子过世留下的缺憾感受尤深，心底不免传来阵阵凄凉的悲鸣。

这是他那天出差发生的事。因为要赶火车，他匆匆离开了家门，没时间陪孩子吃早饭。一路上他担心孩子有没有吃饭，会不会哭，即使抵达了出差地点，也不时打电话回家。虽然孩子总是很懂事地要他不要担心，然而因为心里牵挂不安，便草草处理完事情，踏上归途。回到家时孩子已经睡熟了，他松了一口气，旅途的疲惫，让他全身无力。正准备

就寝时，他突然大吃一惊：棉被下面，竟然有一碗打翻了的泡面！

“这孩子！”他在盛怒之下，朝熟睡中儿子的屁股一阵痛打。“为什么这么不乖，惹爸爸生气？你这样调皮，把棉被弄脏给谁来洗？”这是妻子过世之后，他第一次体罚孩子。“我没有……”孩子抽抽噎噎地辩解着，“我没有调皮，这……这是给爸爸吃的晚餐。”

原来孩子为了配合爸爸回家的时间，特意泡了两碗面，一碗自己吃，一碗给爸爸。可是因为怕爸爸那碗面凉掉，所以放进了棉被底下保温。爸爸听了，看看碗里剩下的那一半已经泡胀的面，紧紧抱住孩子：“孩子，这可是世上最……最美味的泡面啊！”

写作技巧 / Writing Skill

写法先抑后扬，文章跌宕起伏：作者写父亲出差回到家中见儿子把泡面放在被窝里便大发雷霆，这是“抑”；儿子说出泡面的真相后父子间的误会终于冰释，这是“扬”。一抑一扬之间，文章起伏有致，父子情深毕现。

爱的箴言 / Loving Speaking

在浓浓的父爱下，孩子渐渐变得懂事，渐渐地在享受父爱的同时懂得了付出。孩子的这种付出是最真挚的、发自内心的，尽管有时看似有些幼稚，但却能给父亲带来最大的感动与幸福。

树篱后的父亲

文/贝蒂·斯坦利 [美]

父爱是严厉的，却蕴含着无限的深情。父爱就像一座灯塔，不管你是否在意，它都在给你保驾护航。

我毫无方向感，经常成为全家人取笑的对象。有次我们讨论人死后会怎样，儿子开玩笑说："妈妈，希望天堂里也有导游，否则你永远找不到通往天堂的路。"我笑着告诉他，我一点都不担心："只要向着有树篱的山坡走，我就能找到天堂。"

我给他讲述了我父亲的故事。

祖父早逝，父亲由祖母一手带大。在那个年代，还没有政府救济，一家五口历尽艰难才活了下来，父亲因此养成了极度节俭的习惯。

童年时，当我和两个哥哥得知别的孩子都有零花钱时，我们犯了个错误——向父亲要钱。父亲的脸板了起来："你们长大了，会花钱了，那么肯定也会挣钱了。"从此，需要钱的时候，我们只得帮邻居打零工，或是沿街叫卖自家种的蔬菜。有一段时间，我们兄妹三人都没有车，只能乘长途车回家。车站离家足足有两英里，父亲从来没有接过我们，哪怕天气极其恶劣。如果有谁抱怨，他就大吼道："长了腿就是用来走路的！"当我离家去上大学后，每次回家都要走那段长路。我并不在意走路，但是孤身行走在公路和乡村小路上，我总是提心吊胆。尤其是父亲似乎并不关心我的安全，令我有一种不受重视的感觉。

可在一个春天的傍晚，这种感觉消失了。那是极困难的一周。考试再加上无休无止的实验，令我精疲力竭。我渴望回家，想念家里松软的床。同学们陆续到站被家人接走，我只能羡慕地望着窗外。终于汽车颠簸着停下，我下了车，拖着行李箱开始了长途跋涉。

一排树篱沿着小路，蜿蜒地爬上山坡，山坡上就是我亲爱的家。每当我走下大路，踏上最后一段行程，这排树篱总能令我安心。看到它们我就知道离家不远了。

那天傍晚，树篱刚刚映入我的眼帘，忽然落下一阵细雨。我停下

脚步，把手里的书放回行李箱里。当我站起身时，看到一个黑影掠过山坡，向我家走去。仔细辨认，原来那是父亲的头顶。我明白了——每次当我回家时，他总站在树篱后面注视着我，直到确定我平安归来。此刻泪水汹涌而出，哽咽了我的喉咙。毕竟，父亲并非不关心我啊。

此后，每当我回家的时候，那个身影便成了我的灯塔。一看到那遮掩在绿树后偷偷走动的身影，我的心就放松下来。走进家门，我会看到父亲若无其事地端坐在椅子上。“怎么，是你！”他说着，故作惊讶。

“你看，”我告诉儿子，“我才不担心死后找不到去天堂的路。”路上可能有黑暗的隧道，但隧道尽头是光明。在那里，相信我会看到一排树篱蜿蜒地爬上山坡，父亲在山顶等待。“怎么，是你！”他会说。而我仍会像往常一样回答：“是的，爸爸，是我。我回家了。”

写作技巧 / Writing Skill

先抑后扬，凸显主题：不给零花钱，不接孩子回家，这无疑是一个严厉的父亲。然而就是这样一个父亲，却偷偷躲在树篱后，守候女儿平安归来。作者的笔锋巧妙一转，深沉的父爱也汹涌而出。

爱的箴言 / Loving Speaking

也许，父亲冷漠的外表，曾阻挡了我们找到爱的视线；然而，深沉如泉涌般的爱，一旦流露，就成为指引我们一生道路的灯塔。

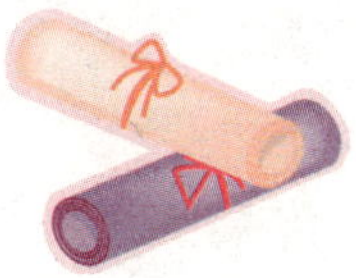

特殊的“体罚”

文/兰妮·麦克穆林［美］

皮肉的惩罚会让人悔改，但是别样的惩罚更加震撼人心，更加令人记忆深刻，因为这体罚中饱含着老师的期望。

在我们镇上住了三十多年的弗洛斯特女士，是全镇老少心中的严师。我不知道她是如何走进众人心中的。至于我，则是因为一次难忘的体罚。

那是一次数学考试。考试前，弗洛斯特女士拿着那个著名的松木板子对我们说：“我们的教育以诚实为宗旨，我决不允许任何人在这里自欺欺人。好了，开始考试。”说完，她就在办公桌后坐了下来，拿起一本书，看了起来。

我勉强做了一半，就被卡住了，无奈之下暗暗向好朋友伊丽莎白打了招呼。不一会儿，伊丽莎白传来了一张写着答案的纸条。我抬头向讲台望了一眼——她正读得入神，对我们的小动作毫无察觉。我赶紧把答案抄在了试卷上。

晚上，我翻来覆去，难以入眠。早就听人说过，教室里一只蚂蚁的爬动也逃不过弗洛斯特女士的眼睛。这么说，她当时只是故意装聋作哑罢了。思前想后，我决定和伊丽莎白一起去自首。

周一下午，我们战战兢兢地站到了老师面前：“我们知道错了，我们以后永远不做这种事了。”

“姑娘们，你们能主动来认错，我很高兴。不过，大错既然铸成，你们必须承受后果——否则，你们不会真正记住！考试作零分计，而且——”

看到她拿起松木板子，我们都惊恐得难以自持。她吩咐我们分别站在大办公桌的两头，伏在自己身边的椅背上，还要把眼睛闭上。

我抖抖索索地在椅背上伏下身子。“啪”的一声，宣告了惩罚的开始。接着，传来了伊丽莎白的呜咽。“啪！”打的又是伊丽莎白，我不敢睁开眼睛，随着伊丽莎白一起哭起来。

“啪！”伊丽莎白又挨了一下——她一定受不了啦！我鼓起勇气说：“请您别打伊丽莎白了！您还是来打我吧，是我的错！”几乎同时，我们都睁开了眼睛，可怜兮兮地对望了一下。没想到，伊丽莎白竟红着脸，说：“你说什么？是你在挨打呀！”

疑惑中，我们看到老师正用那木板在装了垫子的座椅上抽了一板：“啪！”哦，原来如此！——这便是我们受到的“体罚”，并无肌肤之痛，却记忆至深。在弗洛斯特女士任教的几十年中，这样的“体罚”究竟发生了多少回，我无从得知。因为有幸受过这种板子的学生大约多半会像我们一样：在成为弗洛斯特女士的崇拜者的同时，独享这一份秘密。

写作技巧 / Writing Skill

开门见山，首尾呼应：文章开篇以倒叙的手法引出“一次难忘的体罚”，此后详细回忆了体罚的前因后果，结尾处作者再次指出体罚的难忘，与开头呼应，深化了主题，并且使得文章结构具有一种完整之美。

爱的箴言 / Loving Speaking

特殊的“体罚”虽无皮肉之痛，但却让人终生难忘。惩罚不是目的，让学生明白一些道理才是惩罚的最终目的。愿我们都能理解老师的这份苦心，用释然的笑脸和点点进步来回报老师。

天使的翅膀

文/安心

只要拥有一颗美丽的心灵，
便会在别人的疤痕中看见天使的翅膀。

辉仔非常自卑，他背上有两道非常明显的疤痕，从颈上一直延伸到腰部，所以辉仔非常害怕换衣服，尤其是上体育课。当其他的小孩子很高兴地脱下校服，换上轻松的运动服时，辉仔总会一个人偷偷地躲在角落里，将背部紧紧地贴在墙壁，以最快的速度换上运动服，生怕别人发现。可是，时间久了，其他小朋友还是发现了他背上的疤。

“好可怕哦！”“怪物！”天真无邪的话有时很伤人，辉仔很委屈，伤心地哭了。这件事发生以后，辉仔的妈妈特地牵着他，去找老师。“辉仔刚出世就患了重病，”妈妈说着，眼睛红了，“幸好当时有位很高明的大夫，动手术挽救了他，他的背部便留下了两条疤痕。”

妈妈转过头吩咐辉仔掀给老师看。老师惊讶地看着那两道疤，心疼地问：“还会痛吗？”辉仔摇摇头：“不会了。”老师摸了摸辉仔的头说：“明天体育课，你一定要跟大家一起换衣服哦。”辉仔眼里，晶莹的泪水滚来滚去：“可是，他们又会笑我，说我是怪物。”“放心，老师有法子，没有人会笑你。真的！”老师说。

第二天上体育课，辉仔怯生生地躲在角落里，脱下了他的上衣。果然不出所料，有小朋友又厌恶地说：“好恶心呀！”

辉仔的眼泪流了下来。这时候，老师出现了。几个小朋友马上跑到老师面前说：“老师你看，他的背好可怕，像条大虫。”

“这不是虫！”老师很专注地看着辉仔的背部，“老师以前听过一个故事：传说每个小朋友都是由天使变成的，有的天使变成小孩的时候很快就把翅膀脱了下来。有的小天使动作比较慢，来不及脱下他们的翅膀。这时候，那些小天使变成的小孩，就会在背上留下这样两道痕迹。”

“哇！”小朋友发出惊叹的声音，“那就是天使的翅膀？”

“对啊，”老师露出神秘的微笑。突然，一个小女孩轻轻地问：“老师，我可不可以摸摸小天使的翅膀？”“这要问小天使肯不肯。”老师微笑着向辉仔眨眨眼睛。辉仔鼓起勇气，羞怯地说：“好。”女孩轻轻地摸着他背上的疤，高兴地叫了起来：“哇，好软，我摸到天使的翅膀了！”

女孩这么一喊，所有的小朋友都大喊：“我也要摸！”于是，教室里几十个小朋友排成长长的队伍，等着摸辉仔的背……

后来，辉仔渐渐长大。他高中时还参加了全市的游泳比赛，获得亚军。他勇敢地选择了蝶泳，是因为他相信，他背上那两道伤痕，是被老师的爱心所祝福的“天使的翅膀”。

写作技巧 / Writing Skill

淡淡的叙事为后文蓄势：文章从辉仔遇到的难题切入，交代了他背上伤痕的来历，为下文蓄势，引出老师以聪明与爱心帮助他渡过心理难关的环节，读后令人感动。

爱的箴言 / Loving Speaking

文中的教师是一位充满爱心的“天使”，“天使”用智慧与爱心保护了一颗脆弱的心灵，帮助他走出了自卑的阴影，让他得以坦然面对人生的风风雨雨。这份爱，令男孩感激，令我们动容。

天使原来是这样的

文/南希·麦克奎尔 [英]

天使就在人间，并且无处不在：
她会带着慈爱和真情，出现在朋友、家庭或陌生人中间。

童年的时候，我被妈妈故事中的天使迷住了。妈妈说，在我身边时刻都有天使的陪伴。我对妈妈的话深信不疑。在我的脑子里，清楚地浮现着她的形象：她身穿轻柔的白纱裙，有一对美丽的翅膀，浑身笼罩着神秘的光环。

然而，我的外婆根本不信这一切，她只知不停地劳作，日复一日地为全家人的吃喝操心。妈妈温柔而美丽，外婆则很刚强，只是看上去总是疲惫不堪。她是那时我所见到的最慈祥却最不可理喻的女人：只相信行动，从不轻信言语。当隔壁邻居的女人半夜因小产而大出血时，妈妈只会陪在那个女人身旁，不停地哭泣，而外婆却立刻跑到一英里半以外去找医生。

外婆是左邻右舍的主心骨，人们免不了需要这样那样的帮助，而她则乐意帮助每一个人。我常常看到她给一些人家送去牛奶和食物。她自然、直率而慷慨，使接受帮助的人没有丝毫的难堪。她设法给我们做衣服，在毫无希望的时候，像变戏法一样给我们做出每顿饭。

长大后，我把对天使的迷恋转移到对天使的认真研究上来了，我试图证明天使的真实存在。我约见那些声称见过天使的人，听他们讲述他们是如何从重病中恢复过来或如何奇迹般地躲过灾祸的。

有这样一个故事：一个小男孩因为在全家人上火车前不停地拼命号哭，使全家都耽误了上火车，后来那趟火车出了事。男孩说，在这之前，他看到了天使，她告诉他不要上那辆火车。

外婆可不信这个故事，她说："如果真是这样的话，那天使为什么不救每一个人呢？"

9年前，外婆故去了。我心中似乎有一种什么东西崩塌了，她带走了被称为生命力或活力的那种东西。没有人能代替她留给我的这种感觉。

日常报道中充斥的是罪恶、谋杀和痛苦，即使是在白天，我也时常感到脆弱和胆怯。我常想象我3岁的女儿可能会遭到绑架或被人谋杀，因此我尽可能使她在我的监护之下。

外婆去世约一年后的某一天，我去加油站加油，在交钱时发现皮夹不翼而飞。是丢了，还是被偷了？眼泪不知不觉在我的眼眶里打转。这时，站在我身后的一个男子把一张10英镑的纸币放到柜台上，安慰我说："别伤心，这种事谁都有可能碰上。"还没等我明白过来对他道谢时，他就快步走开了。

这件事对我来说是个转折点，我发现我试图证明天使存在的想法可能是错的。在生活中，天使无处不在。她会带着慈爱和真情，在朋友、家庭或陌生人中间偶尔出现。当你意识到这一点后，你就能经常看到她，并受到感染和鼓舞。

天使没有美丽的翅膀，也不一定穿着柔和的纱裙，她肯定不是我童年时想象的那个样子。也许，她看上去是个餐馆招待员、教师或加油站的机械修理工。他们的行为像……是的，就像我的外婆那样。

我女儿有时候会问到我的外婆。不久前，她问："你的外婆现在变成天使了吗？"我说："亲爱的，她一直就是个天使。"

写作技巧 / Writing Skill

巧妙设置悬念，吸引读者的阅读兴趣：在文章的开头，作者设置了这样一个悬念——天使真的像妈妈讲述的那样吗？接着，作者以插叙的方式讲述了外婆热心助人的故事。随着情节的展开，悬念最终破解，读者也从中大受启迪。

爱的箴言 / Loving Speaking

身穿白纱裙，长着一对翅膀，这是神话故事中天使的典型形象。如果天使降临人间，那又会是什么样子呢？从外表你是看不出来的，因为天使也许化身为你的亲人，也许是你的朋友，也许变成一个有爱心的陌生人……是的，人间有爱，天使永在。

为自己站起来

文/李倩妮

只有学会为自己“站起来”，勇敢面对挫折，
才能对自己负责，才能赢得大家的认可和尊敬。

我是一个独生女。在家里，不仅爸爸妈妈爷爷奶奶宠着我，还有一群爱护我关心我的好朋友陪伴左右，永远在我最需要的时候给我鼓励和支持。

然而，初到英国留学的我失宠了。围在我身边的不再是一双双关怀的黑眼睛，而是一双双陌生而高傲的蓝眼睛。

我努力地想要融入英国同学的圈子。然而，无论我如何努力，她们总是以冷漠的眼神把我拒之门外，也常常忽略我的存在。

但是，为了不惹是生非，为了要融入英国同学的圈子，我还是对每一个人抱着最平易近人的态度。

学校有个规定：每周二、四、六下午4点至6点和晚上9点至10点是Visiting Nights，也就是男女生互访的时间。

有一天晚上互访时，我们一帮男女生在宿舍里玩Twister的游戏。这是他们英国学生从小玩到大的游戏。规则是在地上铺上一张画有红黄绿蓝四种颜色圈圈的塑料布，由一个人转转盘，转盘分成四格，上面写着：左手、右手、左脚、右脚，并在每一格里画上四种颜色的圈圈。

其余的游戏者要按照转盘的指示把手或脚放到相应颜色的圈圈里。比如说：转到左手绿色，游戏者就必须把左手放到绿色的圈圈里。

这个游戏十分适合一群人玩，而且玩起来也十分搞笑。虽然我从来没玩过，但看一会儿就明白了，便跃跃欲试地加入到排队的行列。轮到我的时候，那个转转盘的男孩子竟然看也不看我一眼，就说："汉娜，轮到你了，珍

妮弗不会明白这游戏的。”

我实在忍无可忍了，心底里积压的不满瞬间爆发了出来：“你凭什么这么说？我当然会玩这个愚蠢的游戏。你们为什么总是忽略我？我不是透明的！”

顿时，嘈杂的房间安静了下来。大家瞪大了眼睛看着我，每一双眼睛里都流露出无比惊讶的神情。我自己也被这突如其来的反应吓了一跳，实在不敢相信自己刚才说的话。

两秒钟的寂静之后，突然有人带头鼓起掌来：“哇，珍妮弗，你刚才真的酷呆了！”

由于她的带动，掌声由稀稀落落变成阵阵雷响，大家纷纷为我刚才反驳的举动欢呼。那个转转盘的男孩灰溜溜地坐在一旁，默不作声。

带头鼓掌的女孩子走到我身边，在我耳边说：“你做得棒极了。你必须为自己挺身而出，为自己站起来。我现在才真正认识你。”

她就是乔安娜，是全校最漂亮最有个性且最爱出风头的女孩，也是我在以后两年的日子里最要好的英国朋友。

在这之后，英国同学接纳了我，我也自然而然地融进了英国同学当中，不再是一只失宠的绵羊。在英国孤独的日子里，我学会了坚强；在被同学排斥的时候，我清楚地了解到：只有学会为自己“站起来”，才对得起自己，也才会得到大家的认可和尊敬。

写作技巧 / Writing Skill

欲扬先抑的写法令读者眼前一亮：文章的前半部分都在为主题做铺垫，集中描写了“我”的困境和烦恼，直到“我”开始勇敢地为自己争取权益，境况才有了起色，可谓欲扬先抑，结尾点题。

爱的箴言 / Loving Speaking

主人公身处陌生环境时，学会了独立应对不利的局面，这种自强自立的精神值得我们学习。如果你有坚定的信念、永恒的目标，不会轻易被挫折和困难吓倒，那么，你有什么理由不为自己站起来呢？相信自己的能力，靠自己的双手，搏出属于自己的精彩吧。

我并没有学会聪明

文/汤姆·布朗温 [英]

世上的成功者，无论天赋高低，从事何种职业，
他们都有一个共同的特点——勤奋。

我天生笨拙，这一点在大学毕业时我的导师早有评价，但他说我是一个勤奋的人。

在大学毕业这一年，我接受导师的推荐到安东律师事务所应试，这是伦敦最著名的一家律师事务所，很多日后成名的大律师都是在这家事务所接受最初的培训而走上成功之路的。这里的工作以严格、准确和讲求实效而著称。

临出门前，母亲很正式地告诫我要学得聪明些，不要呆头呆脑让人看作是个傻瓜。母亲声明这也是父亲的想法。我吻了母亲的前额，轻声

说：“我会做好的，请放心吧。”实际上，直到我迈进事务所的大门，心里还是一片茫然：怎样做才算聪明呢？

来应试的人很多，他们个个看起来都很精明，我努力让自己面带微笑，用眼睛去捕捉监考人员的眼神。无疑，给他们留下机灵的印象，对我的录用会大有帮助。但这一切都毫无用处，他们个个表情严肃，忙着把一大堆资料分发给我们，甚至不多说一句话。

发给我们的资料是很多庞杂的原始纪录和相关的案例及法规，监考人员要求我们在适当的时间里整理出一份尽可能详尽的案情报告。其中包括对原始纪录的分析，对相关案例的有效引证，以及对相关法规的解释和运用。这是一种很枯燥的工作，需要耐心和细致。导师曾经为我们详细讲解从事这种工作所需的规则，并且指出，这种工作是一个优秀律师必须出色完成的。

我周围的人看起来都很自信，他们很快地投入到起草报告的工作

中去了，我却在翻阅这些材料时陷了进去。在我看来，原始纪录一片混乱，并且与某些案例和法规毫无关系，需要我首先把它们一一甄别，然后才能正式起草报告。时间在一分钟一分钟地流逝，我的工作进展得十分缓慢，我不知道要求中所说的“适当的时间”到底指一个小时还是两个小时。我发现如果让我完成报告，可能至少还需要一个紧张的晚上。可是周围已经有人完成报告交卷了，他们与监考人员低低的交谈声几乎使我陷入绝望。越来越多的人交卷了，他们聚集在门外等待所有人都完成考试后，听取事务所方面关于下一步考试的安排。当时我也认为事务所的考试不会只有这一项。他们一起议论考试的嗡嗡声，促使屋子里剩下的人都加快了速度，只有我，脑子里一遍又一遍地想着母亲的忠告：要学得聪明些。可我怎么才能聪明些？我干不下去了。

终于，屋子里只剩下我一个人面对着只完成了三分之一的报告发呆。一个秃顶男人走过来，拿起我的报告看了一会儿，然后告诉我：“你可以把材料拿回去继续写完它。”

我抱着一大堆材料走到那一群人中间。他们看着我，眼睛里含着嘲讽的笑意。我知道，在他们看来，我是一个要把材料抱回家去完成的十足的傻瓜。

事务所的考试只有一项，这一点出乎我们的意料之外。母亲对我通宵工作没有表示过分惊讶，她可能认为我肯定会接受她的忠告，这已经足够聪明了。我却要不断地克服沮丧情绪说服自己完成报告，并在第二天送到事务所去。

第二天，事务所里一片忙碌，秃顶男人接待了我，他自我介绍说是尼克，事务所的负责人。他翻阅了我的报告，然后又询问了我的身体状况和家庭状况。这段时间里，我窘迫得不知所措，回答他的问话显得语无伦次。但在最后，他站起来向我伸出手，说："祝贺你，年轻人，你是唯一被录取的人，我们不需要聪明的提纲，我们要的是尽可能详细的报告。"

我兴奋得快晕倒了，我想回家告诉母亲，我成功了，但我并没有学会聪明。

写作技巧 / Writing Skill

妙用对比，深化主题：文章巧妙运用对比，如应试时主人公与其他考生的表现截然不同；应试后，他们得到的结果亦不同。"勤能补拙"这一道理在对比中娓娓道出，使读者受到启迪。

爱的箴言 / Loving Speaking

在通向成功的道路上，一个天性聪慧的人的确比笨拙的人更容易前行，但光有天赋，不用勤奋的汗水去浇灌你的学业、事业，同样不可能取得成功。只有把自己的智慧与勤奋结合起来，才能够登上成功的顶峰。

我的老师

文/海伦·凯勒［美］

安妮·沙莉文小姐到来的那一天，是海伦·凯勒一生中最重要的日子，从那天起，她给海伦带来了光明和希望。

在我的记忆中，我的老师安妮·沙莉文来到我身边的那天是我平生最重要的日子。那是1887年2月3日，距离我满7岁还有3个月。

那天下午，我从妈妈的手和匆忙来往的人们的脚步，隐约感觉到某种不寻常的事情就要发生。我一声不响地站在大门口，坐在台阶上等待。

我感觉到有脚步向我走来，以为是妈妈，便向她伸出了手。我被一个人抱住了。这个人是来让我看到这个有声有色的世界的，更是来爱我的。

我的老师在到来的第二天便把我引到了她的屋里，给了我一个玩具娃娃。在我玩了一会儿玩具娃娃之后，沙莉文小姐便在我手心里拼写

d–o–l–l（玩具娃娃）这个单词。我立即对这种指头游戏产生了兴趣并模仿起来。我正确地写出了那几个字母。在以后的日子里，我以这种我并不理解的方式，学会了很多单词。到我懂得每一样东西都有一个名字的时候，已是几个礼拜之后的事了。

有一天，莎利文小姐很耐心地教我，可是我自己发起了脾气，抓起玩具娃娃，摔碎在地上。发了一顿脾气，我既不懊悔也不难过。因为在我生活的那个没有声音没有光明的世界里，本没有什么细致的感受和柔情。

莎利文小姐给我拿来了帽子，我们沿着小路来到井房。老师把我的手放在水龙头下面。当清凉的水流冲在我手上的时候，她在我的另一只手的掌心里写了w–a–t–e–r（水）这个单词。我全部注意力集中到她指头的运动上，突然蒙眬地感到一种什么被遗忘了的东西——一种恢复过来的思想在震颤。语言的神秘以某种形式对我展示出来。我明白了“水”是指那种奇妙的、清凉的、从我手上流过的东西。那个活生生的单词唤醒了我的灵魂，给了它光明、希望和欢乐。

当我们回到屋里去时，我所摸到的每一件东西都好像有生命在颤动。那是因为我用出现在我心里的那种奇怪的新的视觉“看”到了每一个东西。进门的时候，我想起自己打破了的玩具娃娃。我把碎片捡了起来，努力把它们拼合到一处，但是没有用。我的眼里噙满了泪水，第一次感到了悔恨和难过。

那一天我学会了很多单词，我记得其中有妈妈、爸爸、姐妹、老师这些单词。那天晚上，我躺在自己的小床上，重温起那一天的欢乐，我感到自己是世界上最幸福的孩子。我第一次渴望新的一天的到来。

写作技巧 / Writing Skill

巧用过渡，结构紧凑：第四段段末那句话是一个过渡句，此句承上启下，开始了下文中“我”真正明白“每一样东西都有一个名字”的叙述。文章中使用过渡句，可以使文章联系紧密，浑然一体。

爱的箴言 / Loving Speaking

面对失去视力、脾气乖张的小海伦，安妮·莎莉文小姐用爱心激起了她的求知欲望，让她获得了新生。难怪海伦·凯勒在《假如给我三天光明》一书中深情地说，“希望长久地凝视我亲爱的老师，安妮·莎莉文小姐的面庞”。老师的爱是一道光，照亮了黑暗的世界；老师的爱是一缕亮色，为无色的生活增添了光彩。

我的吻在哪里

文/M.A.尤契哈特［美］

爱的表达并不需要千言万语，爱就在举手投足之间的流露，
在一个轻轻的吻上，在一个暖暖的拥抱里……

有个女孩名叫辛迪。她有一个和睦的家，日子过得也不错。但这个家从一开始就缺少了一样东西，只不过辛迪还没有意识到。

辛迪9岁那年，有一天到朋友德比家去玩，留在那儿过夜。睡觉时，德比的妈妈给两个女孩盖上被子，并亲吻了她们，祝她们晚安。“我爱你。”德比的妈妈说。“我也爱你。”德比说。辛迪惊奇得睡不着觉，因为在这以前从没人吻过她，也没人对她说爱她。她觉得，自己家也应该像德比家这样才对呀！第二天辛迪回到家里，爸爸、妈妈见到她非常高兴。“你在德比家玩得好吗？”妈妈问道。辛迪一言不发，跑进了自

己的房间。她恨爸爸、妈妈，为什么他们从来都不吻她，从来都不拥抱她，从来都不对她说爱她呢？

那天晚上，上床前，辛迪特地走到爸爸、妈妈跟前，说了声："晚安。"妈妈也放下手中的针线活，微笑着："晚安，辛迪。"除此之外，他们再没有别的表示了。辛迪实在受不了了。"你们为什么不吻我？"她问道。妈妈不知道如何是好。"嗯，是这样，"她结结巴巴地说，"因为，因为我小时候，也从没有人吻过我，我还以为事情就该是这样的呢。"好多天，她都在生气。最后，辛迪决定离家出走。

她来到公园，在长椅上坐着、想着，直到天黑。突然，她有了一个办法。她走进家门时，爸爸正在打电话，妈妈冲她喊道："你到哪里去了？我们都快要急死了！"辛迪没有回答。她在妈妈的右颊上吻了一下，说："妈妈，我爱你。"辛迪又给了爸爸一个拥抱，说："晚安，爸爸，我爱你。"然后，辛迪睡觉去了，将她父母留在厨房里。

第二天早晨，辛迪又吻了爸爸和妈妈。在公共汽车站，辛迪踮起脚尖吻着妈妈，说："再见，妈妈。我爱你。"

每天、每个星期、每个月，辛迪都会这样做。爸爸、妈妈一次也没有回吻过辛迪，但辛迪没有放弃。这是她的计划，她要坚持下去。

有天晚上，辛迪睡觉之前忘了吻妈妈。过了一会儿，辛迪的房门开了，妈妈走进来，假装生气地问："我的吻在哪里？""哦，我忘了。"辛迪坐起来吻妈妈，"晚安，妈妈，我爱你。"辛迪重新躺到床上，闭上眼睛。但她的妈妈没有离开。妈妈终于说："我也爱你。"她弯下腰，在辛迪的右颊上吻了一下，说："千万别再忘了我的吻。"

许多年以后，辛迪长大了，有了孩子。她总是将自己的吻印在孩子粉红的脸颊上。

每次辛迪回家时，妈妈第一句话就会问："我的吻在哪里？"当她离家时，妈妈总要说："我爱你，你知道的，是吧？""是的，妈妈，我知道。"辛迪说。

写作技巧 / Writing Skill

简单真挚的对话，使文章温馨感人：作者采用了白描的手法进行叙述，虽然文字平实无奇，但母女间的对话真挚而感人，营造了一种温情脉脉的家庭氛围，这样的文章读来情切动人。

爱的箴言 / Loving Speaking

爱是一门艺术，需要心与心的沟通，需要默契的相互理解，更需要温馨的表达方式。简单的一句"爸爸、妈妈，我爱你们"，所有的亲情尽在其中。如果你想让亲人倾听你的心声，那么，请试着把埋在心底的话告诉他们吧。

我自己开门

文/佚名

“狠心”的父亲教育了我：
任何人都不可能帮助你一世，想回家，就必须自己开门。

那年，我8岁。

那晚，寒风凛凛。

已经记不清到底因为什么惹得父亲发脾气，只记得他一怒之下把我拎到了街门外面，一句话也不说就插上了门闩。

街门外，漆黑一片，什么也看不到。寒风刮到脸上，又冷又疼。

站在黑暗中，所有可怕的东西一瞬间从四面八方涌来——奶奶常讲的专吃小孩的黑狸猫，爷爷见到过的拐卖小孩的疯老人，还有村里我最害怕的屠夫。

就在我最害怕的那一刻，邻居家的狗不知为什么歇斯底里地叫起来，我“哇”的一声哭了出来。以往，不管因为什么原因遭到父亲的训斥，只要我一哭，奶奶就会护着我。我以为这次我的哭声依然能招来奶奶，让奶奶用她温暖的棉袄把我抱回去。

但是，嗓子都快哭哑了，依然没有听到奶奶的脚步声。只听到父亲的吼声：“就会哭，今天没人给你开门。”

父亲的话让我明白，哭已经无济于事，如果奶奶已经被父亲说服，那么家里已经没有人敢给我开门了。

想到这里，我止住哭声，开始使劲推门。那时候街门是两扇对开的，使劲推就能推开一个小缝，伸手就能够到门闩。

我使出吃奶的力气推门，并把手伸进去，够着门闩，一点一点地挪动，也不知过了多长时间，门终于被我弄开了。

站在院子里，我看到奶奶、父亲、母亲，还有脸上流着泪的小姑。

长大以后才知道，那晚奶奶并不是没有听到我的哭声，小姑也已经走到了门后，母亲因为此事和父亲吵了起来。但父亲阻挡了所有人对我的援助，他说："让她自己开门进来。"

也正是那晚的独自开门，让我渐渐独立起来，也让我明白：任何人的帮助只能是一时而不是一世，想回家，必须自己开门。

写作技巧 / Writing Skill

贴切的心理描写，为揭示文章主题做了适当铺垫：对于"我"在门外的恐惧，作者通过一系列生动的描写形象地表现出来，如：专吃小孩的黑狸猫、拐卖小孩的疯老人、吓人的屠夫，贴切的心理描写不仅从侧面反映了"我"的年龄特点，更为后文"我"的独立和成长做了很好的铺垫。

爱的箴言 / Loving Speaking

母亲疼爱孩子，总是和蔼的，充满温情的。而孩子眼中的父亲，却大多是严厉的。在我们的成长岁月中，总不乏父亲的严厉说辞："自己的事自己干！""学习要有自觉性！"在这样的爱的语言中，我们渐渐长大，而严厉的父爱也默默汇入我们的血脉，陪伴我们的人生路程。

我最好的老师

文/大卫·欧文 [美]

授人以鱼，不如授人以渔。
老师教给我们的那些科学的学习方法，更为可贵。

怀特森先生教的是六年级的科学课。在第一堂课上，他给我们讲了一种叫做凯蒂旺普斯的夜行兽，冰川期中因无法适应环境而绝迹了。他一边说，一边把一个头骨传来传去，我们都做了笔记，后来又进行了测验。

试卷发下来时，我惊呆了。我答的每道题都被打了个大大的红叉。测验不及格。

一定有什么地方弄错了！我是完完全全按照怀特森先生所说的写的呀！接着我意识到班里的每个人都没及格。发生了什么事？

很简单，怀特森先生解释道，有关凯蒂旺普斯的一切都是他编造出来的，这种动物从来没有存在过。所以，我们笔记里记下的那些都是错的。难道错的答案也能得分吗？

我们都气坏了。这种测验算什么测验？这种老师算什么老师？

我们本该推断出来的，怀特森先生说道。毕竟，正当传递凯蒂旺普斯的头骨（其实那是猫的头骨）时，他不是告诉过我们有关这种动物的一切都没有遗留下来吗？怀特森描述了它惊人的夜间视力，它的皮毛的颜色，还有许多他不可能知道的事实。可我们一点没有起疑心。

他说我们试卷上的零分是要登记在他的成绩记录簿上的。他也真这么做了。他还说他希望我们从这件事当中学到点什么。课本和老师都不是一贯正确的。事实上没有人一贯正确。他要我们时刻保持警惕，一旦认为他错了，或是课本上错了，就大胆地说出来。

上怀特森先生的课，每一次都是不寻常的探险。有一次他对我们说他的大众牌轿车是活的生物。我们花了整整两天才拼凑了一篇在他那里通得过的驳论。不过他仍不肯放过我们，直到我们证明我们不但知道什么叫生物，且还有坚持真理的毅力时，他才罢休。

我们把这种崭新的怀疑主义带进了所有的课堂。这就给那些不习惯被怀疑的老师带来了问题。我们的历史老师讲着讲着，会有人清清嗓子，说道："凯蒂旺普斯。"

我没做出过什么重大的科学发现，但我和我的同学们从怀特森先生那里得到了一种同样重要的东西：一种正视着某个人的眼睛，告诉他他错了的勇气。怀特森先生还让我们看到，这么做有时候是很有趣的。

有一次我把怀特森先生的事讲给一位小学老师听，他惊骇极了。"他不该像这样捉弄你们的。"那位小学老师说道。我正视着他的眼睛，告诉他全错了。

写作技巧 / Writing Skill

铺垫蓄势，设置悬念："我"按照老师的讲课内容答题，结果每道题得到的都是大红叉，更为奇怪的是，全班同学都和"我"一样。这是怎么回事？读到这里，想必读者迫切想知道答案，文中悬念的设置非常成功，引人入胜。

爱的箴言 / Loving Speaking

独立思考，善于怀疑，勇于探究，这是怀特森先生对学生的期盼。从那天起，全新的思维方式伴随了学生的一生，创造性的火花不断迸发，成就不断取得，而这一切都要归功于这位与众不同的老师。"最好的老师"，确实如此。

五一是几号

文/安勇

也许父亲的一些举动曾让我们感到尴尬，也许父亲的一些话语曾让我们感到难堪，但随着时间的沉淀，父爱的光辉终将释放。

爹一共来过我的学校两次，两次都让我丢尽了脸面。

第一次，爹送我报到，走到学校门口，突然停了下来，把行李从左边的肩膀换到了右边，咳嗽一声，冲地上重重地吐了一口痰，用他山里人的嗓门儿冲我吼道："老丫头，给爹念念，这木牌子上写的是啥玩意？"我看见好多道含义复杂的目光，全都落在我和爹的身上，好像我们是怪物。这些目光烤得我脸红心跳。我跺跺脚，没理爹，逃也似的跑进了校园里。爹根本没发现我已经不高兴，迈着大步，"咚咚咚"地从后面追上来。走向宿舍的一路上，爹非常兴奋，只要遇到人，不管人家

理没理他，他都扯着嗓门儿，用手指着身边的我，自豪地说我是他的老丫头，考上了这个大学。还说，我从小就是学习的材料。

最后，我实在忍不住，带着怨气喊了一声“爹”，爹却不以为然。在宿舍里，他对着同学们又介绍了我一遍。然后，爹卷起一支旱烟，心满意足地吸了两口，又补充道：“俺家老丫头是个要强的孩子，这回小家伙有了大出息！”

爹第二次来是在一年前，像现在一样，正是五一节的前夕。同宿舍的姐妹们都在说“黄金周”的假期，计划着去哪里旅游。爹没敲门，“咣当”一声推开宿舍门就闯了进来，惹得姐妹们顿时一阵惊慌，慌作一团——天气热，她们都穿得很少。爹一点儿也没意识到，一进门就喊我老丫头，问我，带的山野菜吃没吃光。对我说，妈让他给我又送一袋子来。我看看姐妹们，再看看爹，脸上一阵发烧。

爹打开口袋，用他的两只大手，从袋里捧出一把把野菜，自作主张地放在姐妹们的床上，还不厌其烦地说：“菜已经用盐腌好了，拿热水泡一泡，就能下饭。”

爹送完了礼物，卷了一支烟，毫不理会姐妹们捂住鼻子和嘴，坐在我床上有滋有味地吸了起来。吸了几口后，听见了姐妹们说“黄金周”旅游的事，他站起身，问她们：“黄金周是什么意思？”一个姐妹憋住笑告诉他：“黄金周就是7天的长假，可以不用上课。”爹就更加纳闷儿，问：“好端端的，学校干啥要放长假？”那个姐妹轻声地笑了，另有两个姐妹也笑出了声。一个姐妹忍住笑说：“因为要过节——五一劳动节，所以学校才放假。”

爹又问：“劳动节是什么节？”我无法忍受爹再这样问下去，抢着告诉他：“劳动节就是全世界劳动者的节日，也叫五一节。”爹似乎明白了，点着头，反复念叨着劳动节，从嘴里吐出一口浓浓的烟，突然又问：“劳动者是些啥人呢？谁答应让他们过节的？”爹这句话说完后，宿舍的姐妹们再也忍不住，一齐发出了响亮的笑声。爹也咧开嘴笑了笑，摸着自己的脑袋问我：“老丫头，那个劳动节——五一是几号呢？”我羞愧得满脸通红，眼泪就流了下来。爹没看到我的泪水，又接着问姐妹们：“旅一次游得花多少钱？”

爹离开学校五天后，我收到了他寄来的300元钱，在附言里写着“旅游”两个字。半个月后，我收到了爹的信。爹不识字，信是我的小学老师代写的。在信里，爹问我，寄的钱是不是已经收到了？爹还说：爹的老丫头和别人比，不缺啥也不少啥，人家去旅游，你也得去旅游，钱可能不太够，找便宜的地方去游吧！在信里，爹还说，他知道了“五一”是5月1号，他还知道了，原来自己也是一个劳动者。最后，爹让我放心去旅游，不用惦念家里！在信纸的背面还写着一句话：祝老丫头劳动节快乐！我没想到，暑假回到家时，竟然看见爹瘸了一条腿。爹看见我，有些慌张，咧开嘴笑了笑，响亮地冲着屋子里喊：“她妈，赶紧杀鸡，咱家老丫头回来了！”

妈告诉我，爹的腿是在崖上采山野菜时摔断的，那面崖很陡，但长的野菜很新鲜，一看就知道能卖好价钱。妈还说：“你爹盼着多采些野菜，好快点还上那300元钱的债！”

爹从此再没来过我的学校。

写作技巧 / Writing Skill

首尾呼应的手法，使文章增光添彩：爹两次来学校，把简单质朴的父爱体现在一次次的洋相中；爹不再来学校，把细腻感人的父爱体现在那条瘸腿上。这种首尾呼应的手法，使文章结构严谨，主题得到升华。

爱的箴言 / Loving Speaking

在世界上，也许总有一些人不知道五一是几号，不知道一年的365天里有一天是自己的节日，因为他们从来不给自己放假。她可能是我们的母亲，他也可能是我们的父亲。正是他们，用自己所有的爱为我们撑起了一片晴朗的天空。

现在就出发

文/德隆

再好的梦想，再高的理想，如果不付诸行动，也只是镜中月、水中花。
机会永远不会留给等待的人，想到就去做，现在就出发！

安东尼·吉娜是目前美国纽约百老汇中最年轻、最负盛名的年轻演员，她曾在美国著名的脱口秀节目“快乐说”中讲述了她的成功之路。

几年前，吉娜是大学里艺术团的歌剧演员。在一次校际演讲比赛中，她向人们展示了一个最为璀璨的梦想：大学毕业后，先去欧洲旅游一年，然后要在纽约百老汇成为一名优秀的主角。

当天下午，吉娜的心理学老师找到她，尖锐地问道：“你今天去百老汇跟毕业后去有什么差别？”

吉娜仔细一想：“是呀，大学生活并不能帮我争取到百老汇的工作机会。”于是，吉娜说，她决定一年以后就去百老汇闯荡。

这时，老师又冷不丁地问她：“你现在去跟一年以后去有什么不一样？”

吉娜苦思冥想了一会儿，对老师说，她决定下学期就出发。

老师紧追不舍地问：“你下学期去跟今天去有什么不同？”

吉娜有些晕眩了，想想那个金碧辉煌的舞台和那双在睡梦中萦绕不绝的红舞鞋……她终于决定下个月就前往百老汇。

老师乘胜追击地问：“一个月以后去跟今天去有什么不同？”

吉娜激动不已，她情不自禁地说：“好，给我一个星期的时间准备一下，我就出发。”

老师步步紧逼：“所有的生活用品在百老汇都能买到，你一个星期以后去和今天去有什么差别？”

吉娜终于双眼盈泪地说：“好，我明天就去。”

老师赞许地点点头，说："我已经帮你订好明天的机票了。"

第二天，吉娜就飞赴到全世界的艺术巅峰——美国百老汇。当时，百老汇的制片人正在酝酿一部经典剧目，几百名来自世界各地的艺术家前去应征主角。按当时的应聘步骤，是先挑出十个左右的候选人，然后让他们每人按剧本的要求演绎一段主角的念白。这意味着要经过百里挑一的艰苦角逐才能胜出。

吉娜来到纽约后，并没有急于漂染头发、买漂亮的衣服，而是费尽周折地从一个化妆师手里要到了将要排演的剧本。这以后的两天中，吉娜闭门苦读，悄悄演练。

正式面试那天，吉娜是第48个出场的，当制片人要她说说自己的表演经历时，吉娜粲然一笑，说："我可以给您表演一段原来在学校排演的剧目吗？就一分钟。"制片人首肯了，他不想让这个热爱艺术的青年失望。

而当制片人听到传进自己鼓膜里的声音，竟然是将要排演的剧目对白，而且，当看到面前的这个姑娘的感情如此真挚，表演如此惟妙惟肖时，他惊呆了！他马上通知工作人员结束面试，主角非吉娜莫属。

就这样，吉娜来到纽约的第一天就顺利地进入了百老汇，穿上了她人生中的第一双红舞鞋。

生活就是这么不可思议，很多人只知道把自己的理想定得比天还高，却从来不肯把理想付诸行动。将来的机会并不比现在多，既然将来的条件并不比现在好多少，为什么不现在就出发呢？

一张地图，不论多么详尽，比例多么精确，它永远不可能带着看它的人在地面上移动半步。只有行动才能使你达到自己的目标，只有行动才是达到目标的唯一途径。

写作技巧 / Writing Skill

对话描写营造气氛，推动情节发展：心理学老师的句句追问、步步紧逼，让读者的心情和吉娜一样激动、兴奋；最后在老师的追问下，吉娜做出了“现在就出发”的决定，把故事推向高潮。

爱的箴言 / Loving Speaking

几乎每个人都有程度不同的惰性，而惰性会让我们懒于行动，渐渐把自己年少时的梦想遗忘。如果你不曾忘记自己的梦想，那就把握住现在的机会，开始行动吧，因为时间宝贵，青春有限。

笑容不能浪费

文/沈岳明

我们要时时提醒自己：
利用好自己的一切优势，别让它白白浪费。

第一天上班，我就遭到了女同事凯妮的批评，她说我接电话的声音不够动听，还说我的脸上没有笑容。第二天，我写的一篇不足500个单词的报告，居然被年轻的哈理主管挑出了10处错误。第三天，我感到整个写字楼里的空气就像凝固了一样，特别是那一双双利箭般的目光射向我的时候，更使我如芒刺在背。

我一直梦想着毕业后穿上职业装，风风光光地出入于高级写字楼。可梦想实现后，我并无优越感，有的只是让人发疯的挫败感。

我决定写一份辞职信，然后发E-mail给皮特经理。他很快就给我回了信，却只字未提我辞职的事；他居然约我晚上下班后去湖边散步。

皮特经理一边慢慢地踱步，一边温和地看着我，说：“安娜，你傍晚喜欢来湖边散步吗？还有，你早晨有没有来湖边跑步的习惯？”我不明白这与我辞职有什么关系，只是茫然地摇了摇头。皮特仍然笑着说：“那太可惜了。”我说：“我不明白您的意思，我只想知道，我的辞职报告您批了没有？”皮特经理置若罔闻，依然笑着说：“看，这傍晚的湖色多么美丽！如果此时你不在这里散步，那么你就辜负了这美丽的晚霞；如果你不曾在早晨的湖边跑步，那么你就错过了湖边的朝阳。”我若有所思，抬头望去，果然看见了天边那一道道美丽的晚霞，也感受到了那些在湖边散步的人们的幸福。皮特经理接着说：“是的，美景需要人去欣赏，才不至于浪费。你长着一副美丽的面容，如果不经常保持笑容，不也是一种浪费吗？”什么？不笑，对面孔也是一种浪费？我还是

第一次听人这样讲。“您可真幽默。”我用手摸了摸自己的脸，不禁笑了。皮特经理见我笑了，他笑得更开心了：“这就对了。你看，现在的你多迷人、多有亲和力呀？这么漂亮的一张面容整天板着，不是浪费又是什么？同理，公司给你提供这个平台，需要你去好好利用，才不至于浪费；人的生命也需要不断地充实，才不至于浪费！”

从此，我从未提过辞职的事，而是每天面带微笑地上班，认真做好份内的每件事。10年后的今天，我已成为这家公司的副总裁，我依然时时提醒自己：利用好自己的所有优势，别让它浪费了。

写作技巧 / Writing Skill

以“我”的情感变化作为文章主线：“我”才上班三天就蒙受挫折，几乎“发疯”；“我”得到经理的邀约，则很意外；经理的一番精彩谈话让“我”茅塞顿开…… “我”的情感变化贯穿全篇，文章情节更显灵动之美。

爱的箴言 / Loving Speaking

“利用好自己的所有优势，别让它浪费了。”你如果不美丽，可以运用智慧的钥匙开启成功大门；你如果不聪明，可以利用辛勤的汗水来灌溉成功之花……每个人都有自己的长处，如果你能把长处变成优势，坚持不懈地努力，你就会拥有一个明媚的春天。

写给家长的信

文/艾尔·约翰逊 [美]

一封信征服了一个调皮的学生，
一封封信打开了一扇扇紧闭的心灵之窗。

有个名叫卡莉·韦斯特的女生使我取得了一项大胜利。我在第一堂课上曾向全班宣布：“我只有一条规则——尊重你自己和教室里所有其他的人。”

后来，卡莉突然莫名其妙地有了一种“不好的行为”。我讲话的时候，她会直直地盯着我的眼睛，大声打呵欠。她的呵欠总是长久而又夸张，还具有感染力，会使其他学生也都打起呵欠来。

卡莉每打完一个呵欠，都会露出可爱的笑容，并且装作很诚恳的样子向我道歉。当然，我和她都知道她一点歉意也无，这显然是对教师的考验。

经过慎重考虑，我写了封短信给卡莉的父母，告诉他们说，我对于有卡莉这样的孩子在我班上，感到非常高兴，因为她聪明伶俐，风趣可爱，而且成绩不错，平均是乙等。第二天，卡莉第一次打呵欠之后，我就把没有封口的信递给了她，请她交给父母。

到了下星期一，她走到我的讲台前："约翰逊小姐，谢谢你那封信，"她说，"我母亲把它贴在了冰箱上让大家看，在我家，那里就是光荣榜，不过我父亲不相信我在你教的那科能拿到乙。"

"我看不出为什么不能。"我回答说，"你很聪明，总是第一个交作业。"

"不错，"卡莉说，"但是我从未得过甲。"

“那是因为你总是不把作业做完，如果你把作业做完，你会得甲的。”

“可是我的测验成绩也从未得过甲。”卡莉低着头说，“我总是拿丙。”

“你是否从来不温习？”

“是的。”

“我敢打赌，要是你肯用功温习，就会得甲。我是说真的。”

下一次考试时，卡莉拿到了乙上。到了年底，她的英文成绩进步到了甲。

这个成就令我很受鼓舞，我决定给每一个学生写信。我分三批写。第一批写给“坏”学生，因为我认为他们最需要鼓励。有时候我要想很久才能想到些好话，但是我从不说假话，我在每一封信里都说，由于这孩子品性纯良、彬彬有礼、善于与人相处，我对于有他在我班上，感到很开心。

我的工夫并没有白费，只有少数学生依然故我，但大部分都已改正了以往的不足。杰森不再是个贫嘴的小鬼，他已成为一个“聪明机智的年轻人。班上进行讨论时，他的言论常常能够提供一些受人欢迎的风趣”。雪莉是个成绩只勉强及格的学生，但是她“总是把头抬得高高的，充满自信，觉得自己是个衣着不俗且举止娴雅的少女”。

第二批给“模范学生”的信很容易写，我赞扬他们字写得好、不缺课、测验分数高，而且我也没有忘记称赞他们的行为和性情，因为孩子对这些比对学业荣誉重视得多。

当我开始写第三批信给那些既不特别好、也不特别坏的“中间”学生时，骇然发觉自己对他们之中的一部分人竟然毫无印象。然后，我惊悟为什么会有那么多好孩子这么容易在我这儿被遗忘。他们举止斯文，不惹是生非，也不喜欢出风头。他们在莘莘学子中默默无闻，而他们之所以会这样，往往是出于自愿，但有时则是由于被别人比了下去。

最后一批我写得特别小心，花了许多时间。我把它们分发给学生时，双眼一直看着他们的脸，直至看到他们也对我回看，才把视线移开。

给每个学生都写信之后，我感觉到学生渐渐都对我亲密起来，那种感觉美妙极了。那些学生真正相信我对他们每个人都有了认识，对我不再采取对立的态度了。我们互相尊重。完

写作技巧 / Writing Skill

自述式文体令文章读起来真实可信：文章运用第一人称的自述式文体，记叙了作者通过努力改善师生关系的过程，给人以真实的感觉。

爱的箴言 / Loving Speaking

文中的老师之所以和学生互相尊重，建立起亲密的关系，那是因为她是在用真心和学生交流，用真情和学生沟通。真心的交流能拉近心与心的距离，真诚的沟通能打破心与心的壁垒。老师的真心换来了学生的真情，老师的真爱将陪伴他们一生。

一颗豆粒

文/铃木健二［日］

一颗不起眼的豆粒，如果凝聚着真挚的亲情，
就足以成为一个人由弱者变为强者的“药方”。

我认识一位视一颗豆粒为自己生存意义的夫人。

她大儿子上小学三年级、二儿子上小学一年级的时候，悲剧降临她家：丈夫因交通事故身亡。这是一次非常微妙的交通事故，丈夫不仅自己身亡，而且最后还被法庭判成了加害者。为此，她只得卖掉土地和房子来赔偿。母亲和两个孩子背井离乡，辗转各地，好不容易得到某一家人的同情，把一个仓库的一角租借给她们母子三人居住。

为了维持生活，母亲每天早晨6点离开家，先去附近的大楼做清扫工作，中午去学校帮助学生发食品，晚上到饭店洗碟子。等她结束一天

的工作回到家里，已是深夜十一二点钟了。为了一家人能活下去，母亲披星戴月，从没睡过一个安稳觉，可日子还是那么清苦。他们就这样生活着，半年、8个月、10个月……做母亲的哪能忍心让孩子这样苦熬下去呢？她想到了死，想和两个孩子一起离开人间。

一天，母亲泡了一锅豆子。早晨出门时，她给大儿子留下一张纸条："锅里泡着豆子，把它煮一下，晚上当菜吃，豆子烂了时少放点酱油。"晚上，母亲干了一天活，累得疲惫不堪，实在失去了活下去的勇气。她偷偷买了一包安眠药带回家，打算当天晚上和孩子们一块死去。

她打开房门，见两个儿子已经钻进席子上的破被褥里，并排入睡了。忽然，母亲发现大儿子的枕边放着一张纸条，便有气无力地拿了起来，只见上面这样写道："妈妈，我照您条子上写的那样，认真地煮了豆子，豆子烂时放进了酱油。不过，晚上盛出来给弟弟当菜吃时，弟弟说太咸了，不能吃。弟弟只吃了点冷水泡饭就睡觉了。妈妈，实在对不起。不过，请妈妈相信我，我的确是认真煮豆子的。妈妈，求求你，尝

一颗我煮的豆子吧。妈妈，明天早晨不管您起得有多早，都要在您临走前叫醒我，再教我一次煮豆子的方法。妈妈，今天晚上也一定很累吧？我心里明白，妈妈是在为我们操劳。妈妈，谢谢您。不过请妈妈一定保重身体。我们先睡了。妈妈，晚安！”

泪水从母亲的眼里夺眶而出。“孩子年纪这么小，都在顽强地伴着我生活……”一种必须坚强地活下去的信念从母亲的心里生发出来。

母亲从袋中捡出一颗残留的豆粒，包进大儿子给她写的信里。她把它当作护身符带在身上，直到如今。

写作技巧 / Writing Skill

开头设置悬念，吸引读者的目光：文章开头在点题的同时，又给读者设置了悬念，为什么把一颗豆粒说成生存的意义呢？这样的开头，很能吸引读者的阅读兴趣。接着，作者逐层揭开了悬念。最终，读者在豁然开朗的同时，深刻地体会到文章的主旨，即生存的意义。

爱的箴言 / Loving Speaking

人间大爱是亲情。珍惜这份美好的亲情，成为母亲最终生活下去的最大精神支柱。还有什么比亲情更可贵？人间有爱，亲情无价。一切苦难都会过去，因为有了亲情的支持。

衣领上的玫瑰

文/约翰·R.兰塞［美］

小男孩只想要一朵玫瑰花送给祖母，却得到了一大束。
懂得感恩的人，有时能收获意外惊喜。

有段时间，在每个星期天的早晨，都会有朋友将一朵玫瑰花别在我的衣领上。时间一长，我就觉得这事很平常了。但有一个星期天，这件事变得非同寻常了。

那天，当我正要离开讲台，一个小男孩走了过来，站在我面前说：“先生，您要怎么处理你的花？”我指着别在衣领上的玫瑰，问道：“你是指这朵吗？”

他说：“是的，先生。如果您要丢掉它，可否送给我？”我微笑着告诉他当然可以，并问他要做什么。这是个大概还不到10岁的小男孩，他仰头望着我，说："先生，我要把它送给我的祖母。去年我的爸爸、妈妈离了婚，他们都不愿收留我，便送我去跟祖母住。她对我太好了，不仅煮饭给我吃，还照顾我。所以我要把这朵漂亮的花送给她，谢谢她这么爱我。"

小男孩说完，我几乎说不出话来。我从衣领上取下花，对小男孩说："孩子，这是我听到的最好的故事。但我不能把这朵花送给你，因为这还不够。如果你走到讲台前，你会看到一大束花。每个星期都有不同的家庭买花送给教堂。请把那些花送给你的祖母，因为那样才配得上她。"

他的最后一句话，更使我深深感动并且永远难忘。他说："好棒的一天！我只要一朵花，却得到了一大束。"

写作技巧 / Writing Skill

故事情节一波三折，引人入胜："我"每天都得到朋友的花，却没把这当回事。而在听了一个小男孩的遭遇后，"我"慨然赠花。作者娓娓道来，文章情节曲折，感情充沛，令人赏心悦目。

爱的箴言 / Loving Speaking

祖母给予小男孩的爱，甚至超过了父母。有了祖母这唯一的亲人，爱的种子才没有在幼小的世界里夭折。感谢亲人吧，正因为我们沐浴在亲情的雨露中，才得以茁壮成长！

因为有你

文/红高粱

学会真诚地赞赏你的朋友。那些看似简单朴实的话，却会产生神奇的力量，让他从此不同。

在高三的毕业晚会上，我担任晚会的主持。晚会上，我们出了一个很浪漫和诗意的节目：每个同学都在纸条上写下自己最喜欢的一个同学的名字，并写出喜欢他的理由。当然是不用署名的，否则会让彼此感觉尴尬，然后由我当众宣读。这个提议让大家格外兴奋，这也许是最后一个说出埋藏在心底秘密的机会了。同时，大家也很想知道，自己是否也被人悄悄地关注并喜欢着。我看到，在五彩的灯光下，同学们的脸上都洋溢着青春的激情和焦灼的期待。很快，纸条便收集到了我手中。当我开始读出它们时，全场顿时沉静下来，大家的眼睛都紧盯着我，眼里写满了紧张与不安。

随着我念出那些名字和那些与之有关的温情脉脉的文字，全场人的目光便都会聚焦到被念到名字的同学身上。而那个幸运的同学，则会略带羞涩地、不自然地微笑着，有点不知所措，但我们都可以看到他（她）脸上掩饰不住的骄傲和喜悦。随着纸条一张张念下去，教室里荡漾起一种温馨又明媚的气息。

在我即将念完最后几张纸条时，我发现，几乎班上所有同学的名字都被提及了，但没有我的同桌——那个模样平常、学习平平、性格孤僻的女孩——程雯的名字。她这样的女孩子，是很容易被人忽略和淡忘的。此时，我看见她正把头埋得低低的，或许这个节目使她感到非常难堪。我突然涌起一种怜惜的感觉，就在那一刻，我做出了一个决定，我要帮帮她！我拿出一张纸条——上面当然

不是程雯的名字，但我却一本正经地念出了程雯的名字，并编了一个关于喜欢她的理由：我喜欢程雯，也许，你不知道你的美，其实，你沉默和文静的样子，是女孩子另一种味道的美。这非常出乎大家的意料，大家的目光一下子就转移到了程雯的身上，程雯更是没想到我会念出她的名字，她慌张地抬起头，惊讶地望着我，像是在问，这是真的吗？我微笑着向她点点头。我的可爱的同学们，居然一齐为她鼓起了掌，掌声真挚而深情。在这突如其来的幸福面前，程雯脸色绯红，眼里闪烁着泪花，手足无措。

从那以后，程雯像换了个人似的，在高三最后的几天里，她终于第一次和那些漂亮的女生肩并肩有说有笑地走在一起了，她也开始和男生大大方方地交谈，教室里第一次有了她明朗的笑声。

在同学们的毕业留言簿上，程雯为每一个同学都写下了一句相同的话：能与你们同学，是我今生最快乐的事。

写作技巧 / Writing Skill

结尾蓄势，点明题旨：文章经过铺叙、描写，在篇末以程雯的一句话收束全文，揭示了文章主旨，将内容引申到了一种深刻的意境中。

爱的箴言 / Loving Speaking

同学几句赞美的话语，让一个性格孤僻的女孩变得开朗活泼，这是鼓励在发挥作用，更是同学的理解和关怀在释放能量。为你的朋友、同窗献出一点爱吧，他们会变得快乐，你也会收获快乐和友情。

永远的一课

文/佚名

在那个风雪交加的时候，在那个空旷的操场上，
他们学到了人生重要的一课。

那天的风雪真狂，外面像是有无数发疯的怪兽在呼啸厮打。风呜咽着四处搜索，从看不见缝隙的墙壁鼠叫似的“吱吱”而入。

大家都在喊冷，读书的心思似乎已被冻住了，只听见一屋的跺脚声。

鼻头红红的布鲁斯老师挤进教室时，等待了许久的风席卷而入，墙壁上的《世界地图》开玩笑似的卷向空中，又一个跟头栽了下来。

往日很温和的布鲁斯先生一反常态，满脸的严肃，甚至冷酷，一如室外的天气。乱哄哄的教室安静下来，学生们惊异地望着布鲁斯先生。

“请同学们放好书本，我们到操场上去。”

几十双眼睛发出疑问。

“因为我们要在操场上站立五分钟。”

即使布鲁斯先生下了“不上这堂课，永远别上我的课”的恐吓之词，还是有几个娇滴滴的女生和几个很健壮的男生没有走出教室。

操场在学校的东北角，北边是空旷的菜园，再北是一口水塘。那天，操场、菜园和水塘被雪连成一个整体。矮了许多的篮球架被雪团打得“啪啪”作响，卷地而起的雪粒雪团呛得人睁不开眼、张不开口。脸上像有无数把细窄的刀在拉在划，厚实的衣服像铁块冰块，脚像是踩在带冰碴的水里。学生们挤在教室的屋檐下，不肯迈向操场半步。

布鲁斯先生没有说什么，面对学生们站定，脱下羽绒服，毛衣脱了一半，风雪帮他完成了另一半。“到操场上去，站好。”布鲁斯先生脸色苍白，一字一顿地对学生们说。

谁都没有吭声，学生们老老实实地到操场上排好了三列纵队。

瘦削的布鲁斯先生只穿了一件白衬衫，衬衫紧裹着的他更显单薄。学生们规规矩矩地站立着。五分钟过去了，布鲁斯先生平静地说：“解散。”

回到教室，布鲁斯先生说：“在教室里，我们都以为自己敌不过这场风雪。事实上，叫你们站半个小时，你们也顶得住，叫你们只穿一件衬衫，你们仍然能顶得住。面对困难，许多人戴了放大镜，但和困难拼搏一番，你会觉得困难不过如此。”

学生们庆幸自己没有缩在教室里，在那个风雪交加的时候，在那个空旷的操场上，他们学到了人生重要的一课。

写作技巧 / Writing Skill

用细致入微的环境描写来衬托气氛：作者以浓墨重彩的笔触，细致地刻画出寒冬可怕的风雪天气，以此烘托当时严寒的程度，并借此反衬在户外上的那堂特殊的课。

爱的箴言 / Loving Speaking

即使面对人生再大的风雪，学生们也决不会害怕，因为风雪交加的那一课让他们学会了勇敢面对。老师给学生们上的这一课让他们懂得，他们不是温室里的花朵，让他们敢于承受人生中的风雨。

友谊

文/佚名

世界上没有无缘无故的爱，也没有无缘无故的恨。
你希望朋友怎样对待你，你就应该怎样对待朋友。

从前，苏伯比亚小镇有一对邻居，一个叫乔治，一个叫吉姆——但他们不是什么好邻居，虽然谁也记不清到底是为什么，但他们彼此都不喜欢对方。

他们时有口角发生。尽管夏天在后院开除草机时车轮常常碰在一起，但多数情况下双方连招呼也不打。

后来，夏天晚些时候，乔治和妻子外出两周去度假。开始吉姆和妻子并未注意到他们走了。也是，注意他们干什么？除了口角之外，他们相互间很少说话。

但是一天傍晚，吉姆在自家院子除过草后，注意到乔治家的草已很高了。自家草坪刚刚除过，看上去特别显眼。乔治和妻子很显然是不在家，而且已离开很久了。

不久，吉姆又一次看着那杂乱无章的草坪，心里真不愿去帮自己不喜欢的人。但不管他多想从脑子里抹掉去帮忙的想法，可就是挥之不去。第二天早晨，吉姆起了个大早，趁自己还没有开始犹豫的时候，就把那块长疯了的草坪修剪好了！

几天之后，乔治和妻子多拉在一个周日的下午回来了。他们回来不久，乔治就在街上走来走去。他在整个街区每所房子前都停留过。

最后他敲了吉姆的门。吉姆开门时，乔治站在门外盯着他，脸上露出奇怪和不解的表情。过了很久，乔治才说话。“吉姆，你帮我除草了？”他问。这是他很久以来第一次叫邻居的名字。“我问了所有的人，他们都没除。杰克说是你干的，是真的吗？是你除的吗？”

他的语气几乎像是在责备。

“是的，乔治，是我。”吉姆说，几乎是挑战性地，因为他正等着乔治为了草坪被剪而大发雷霆。

乔治犹豫了片刻，像是在考虑要说什么。最后他用低得几乎听不见的声音嘟囔了一声“谢谢”之后，急忙转身马上走开了。

乔治和吉姆之间就这样打破了沉默。他们还没发展到在一起打高尔夫球或保龄球，他们的妻子也没有为了互相借点糖或是闲聊而频繁地走动，但他们的关系却在改善。至少除草机开过的时候他们相互间有了笑容，有时甚至说一声“你好”。

说不定什么时候他们会在一起聊天，谁知道呢！他们或许会分享同一杯咖啡，这只是迟早的事情。

写作技巧 / Writing Skill

第三人称叙述，文章脉络清晰：作者从旁观者的角度来陈述事情的起因、发展、经过、结果，语言简单明了，将事情的来龙去脉讲得非常清晰。

爱的箴言 / Loving Speaking

人与人之间从来没有融化不了的坚冰，一次相遇的微笑就可以尽释前嫌，一声善意的问候就可以消除积怨。在僵持的关系中，勇敢地迈出去，原本形同陌路的人就有可能成为朋友。抛却狭隘和自我吧，你将拥有更多的朋友。

有什么比捉迷藏更好玩

文/沈岳明

孩子们的心灵永远是明亮的。
在母亲的眼里，盲童跟常人一样，什么都看得见。

每天吃过午饭，总有孩子的嬉闹声在隔壁院子里响起。那是我的新邻居索尼亚在同她的三个孩子玩捉迷藏。我有午休的习惯，他们的欢呼声每每将我从美梦中惊醒。有时，我也会好奇地将头伸出院墙观看。

索尼亚正在给其中大一点的女孩蒙眼睛，她一边系纱巾，一边喊："杰瑞、迈克，你们都藏好了没有？"两个小男孩的声音就从院子的另一头传来："我们都准备好了。"

索尼亚又小声地叮嘱身边这个女孩："琳达，你可不准偷看哦！"琳达脆生生地回答："妈妈，我没有偷看。"

索尼亚将琳达轻轻地往前一推，说："好啦，你现在就去抓那两个小家伙吧！"琳达小心地迈开步子，抬起双手，摸索着一步一步地往前走。索尼亚则远远地站在后面进行指挥："琳达，小心！那里是台阶。注意！你的左边是公园，右边是商场，再过去就是电影院了。前边左转，很好，你已经到学校了。现在，杰瑞站在公路边上，迈克蹲在商场附近。琳达，你只要往后一点就可以捉住他们了。"琳达转身，果然就捉住了迈克，很快又捉住了杰瑞。这时，院子里就会爆发出巨大的欢笑声。然后，索尼亚又用纱巾蒙住杰瑞的眼睛，让他去抓琳达和迈克。

我大为吃惊，这样捉迷藏我还是头一次见到。要知道，那宽敞的院子里其实空无一物，而索尼亚所说的商场、公园、电影院和学校究竟是从哪里来的呢？出于好奇，也因为他们这会儿的玩闹实在是打搅了我的睡眠，我决定去拜访一下这位新邻居。我心里盘算着，如果她能答应每天中午都带孩子们去电影院，我很乐意为他们支付电影票钱。

我敲开了索尼亚的院门，表达了想请孩子们去看电影的意愿。我的眼睛不经意间穿过了索尼亚的肩膀，我看到她身后院子里横七竖八画满

了线条，三个孩子在线条构成的奇怪图形里玩得正起劲。

“哦，看电影？孩子们，你们知道吗？这是乔克叔叔，他说要请你们去看电影。”索尼亚向孩子们介绍我。尽管看上去索尼亚很热情，但她好像对我的邀请并不感兴趣。趁着孩子们玩得入迷，她向我眨眼睛，示意我随她走到一边说话。她告诉我，这三个孩子是她从孤儿院里领出来的。由于担心邻居的孩子对他们不友好，也怕人们知道孩子的身世后对他们有偏见，她跟先生才决定迁居到此。“喏，在这里我们就你一个安静的邻居。”她对我友善地笑着。她说最近她正在以捉迷藏的方式，教孩子们如何在这个小区里生活，如何独自去上学。

这时我才恍然大悟，院子里画的原来就是这个小区的地图，而索尼亚所说的那些公园、商场和学校，其实是图画里建筑的称呼。

“不瞒您说，现在，琳达已经能够独自一人往返于海德学校了。”索尼亚说起来十分骄傲。“海德学校？你的意思是……琳达她是盲童？”我非常吃惊，因为海德学校是附近一所有名的盲人学校。索尼亚点了点头，补充说：“不仅是她，杰瑞与迈克也快要入学了。”她招呼着孩子们过来。三个孩子摸索着慢慢走到她身边，拽着她的手叽叽喳喳地问：“妈妈，妈妈，看电影有捉迷藏好玩吗？”索尼亚对我一笑，说：“这个我们还是请你们的乔克叔叔来回答吧。”

我突然被一种不知所措的情绪感染，觉得自己很对不起这些孩子。我抚摸着他们的头，看着他们仰望眼神里的无忧无虑，高声说：“当然没有，有什么能比捉迷藏更好玩呢？”

当我走出索尼亚的院门时，我轻声向索尼亚说：“对不起，我不知道情况是这样的。但我还是想问一个问题：既然孩子们什么也看不见，在捉迷藏的时候，为什么你还要用纱巾为他们蒙上眼睛呢？”索尼亚认真地说：“因为他们的心灵永远是明亮的。在母亲的眼里，他们跟常人一样，什么都看得见！”

写作技巧 / Writing Skill

用细节描写，深化了文章主题：细节描写在文中看似闲笔，无关紧要，其实暗含深意。在本文中，作者正是借“捉迷藏时母亲为盲童蒙眼睛”这一细节描写，引出了“母爱无偏私”这一主题。

爱的箴言 / Loving Speaking

在母亲的心中，别人可以做到的，自己的孩子可以做得更好。尽管孩子可能存在着这样或那样的不足，可在母爱的呵护下，孩子纯洁、明亮的心灵可以弥补一切。正是母爱的滋养，孩子才得以健康成长。

右手与左脚

文/威廉·H. 麦加菲 [美]

不幸之外仍有幸福。
他曾经用这样的信念治愈了自己心里的伤痕，现在，又治愈了一个小小的心灵。

那一年，青年德勒从大学毕业了，他成为了一名教师。

第一次给学生上课有点紧张，德勒看了几眼墙上画的彩色人像和明丽风光，心里逐渐平静了下来。

“好了，开始了。如果感到幸福你就拍拍手。”德勒大声地对学生说。这种方法是要激发学生的想象力和敏感性，让他们学会表达。孩子们纷纷举手，跟着德勒拍，他们的面孔从僵硬乏味立刻变得鲜活生动。

德勒的视线从一个学生跳跃到另一个学生，最后，定格在一个男孩脸上——他是那样的无动于衷！德勒重复了一次，男孩依旧没有表情。

“你叫什么名字？”德勒开始冒火。男孩抿紧了嘴唇，右手插在衣兜里，表情甚至有些愤怒。这时，旁边一个学生说：“老师，他叫詹姆斯。”德勒克制下来继续上课，但是他的情绪彻底被破坏了，慢腾腾地布置了作文题目——幸福，然后说，请课代表下午收了之后送到办公室。

不料这件事过了几天，詹姆斯又惹事了，他和另外一个男孩打架了。德勒老师急匆匆地赶过去时，詹姆斯全身都是乱糟糟的，唯一不变的是，仍把右手插在口袋里。“你又怎么了，詹姆斯？”德勒问。詹姆斯毫不理睬，转身跑掉了。“詹姆斯的右手以前触过电，被切断啦！”有一个女生这么说，德勒老师的心猛然一缩。

晚上，德勒老师坐在房间里一本一本地看交上来的作文，并在詹姆斯的作文上郑重地留言道：如果你仔细观察，你就会注意到你的德勒老师其实是一个截去左脚的人，那背后，也有老师的不幸故事。但是，他没有拒绝让心去感受不幸之外的幸福。所以，他虽然选择了做平凡的文学老师，却仍然认真地、快乐地生活。

第二天，德勒老师把前一天的作文本发了下去。下课前的最后5分钟，他说："我们来重复一下昨天的内容，但是我们稍微修改一下，如果感到幸福，你就跺跺脚。来，老师先带头！"

德勒老师带头跺起脚来，由于他的左脚是假肢，所以看上去非常滑稽。

1分钟后，教室里响起剧烈如暴风雨的跺脚声。其中，德勒老师听到最特别的一个声音，那是詹姆斯发出的。因为，詹姆斯那天跺脚的声音是最大的，并且眼睛里含着泪。

是的，德勒老师是幸福的，他曾经治愈了自己心里的伤痕，现在，又治愈了一个小小的心灵。

写作技巧 / Writing Skill

线索明确，结构清晰：本文讲述了一位老师对一个孩子由误会、到心疼直到最后帮助他正视自己的伤残的故事，以时间为顺序，以人物关系的变化推动故事的发展，行文流畅，脉络清晰。

爱的箴言 / Loving Speaking

失去了右手的詹姆斯是不幸的，但当他遇到了德勒老师，他又是如此幸运。充满人生智慧的话语点亮了詹姆斯紧闭的心灵，夸张变形的动作对詹姆斯来说是安慰，是鼓励。感谢老师吧，坚强的信念、乐观的心态是老师赠予我们的最好礼物。

与上帝互换的礼物

文/迪亚娜·瑞纳［美］

与朋友沟通有两种方式：一种是给予，一种是接受。
给予者在给予时感到快乐，接受者在接受时同样幸福。

感恩节快要到了，整个11月，最小的孩子马蒂是忙得最欢的一个。这个小家伙左耳听不见声音，因此在听人说话的时候，他总是像小狗似的歪着脑袋，但他从未对此抱怨过什么。

几周来，他好像在秘密策划着什么。他默默地积攒着少得可怜的零用钱，一分也不舍得花。我猜这十有八九和肯尼有关。肯尼是马蒂的朋友，他家和我家隔着一小片牧场，中间有道电篱。

感恩节前几天的晚上，马蒂愉快而自豪地说：“妈妈，我给肯尼买了件节日礼物，想看看吗？”只见他从口袋里掏出一个小盒子，里面装着一只袖珍指南针。“真是件可爱的礼物！”我说。但我知道，肯尼家的日子过得紧巴巴的，他们几乎没有钱来买礼物。而且，肯尼的母亲是个骄傲的女人，我敢肯定，她是不会允许儿子接受一份她无力回赠的礼品的。我向马蒂解释了这个问题，他立刻说：“我懂，妈妈……可假如这是个秘密呢？假如他们永远不知道是谁送的呢？”

感恩节前一天是个阴冷的雨天。我从窗户望出去，感到莫名的忧伤。突然间，我看见马蒂溜出了房门，他手里紧握着那个小盒子。只见他走过草场，敏捷地钻过电篱，穿过肯尼家的院子，踮着脚尖走上房子的台阶，轻轻把纱门打开一点点，把礼物放了进去。然后他深吸一口气，用力按了一下门铃，转身就跑。

他狂奔出院子，突然，他猛地撞上了电篱！马蒂被电击倒在湿地上，大口喘气。稍后，他慢慢地爬起来，拖着瘫软的身体走回了家。他嘴唇颤抖，泪眼盈盈：“我忘了那道电篱，被击倒了！”我把浑身泥水的小家伙搂进怀里。

那个夜晚，我是带着不快与困惑的心情度过的。我不明白为什么一

个小男孩在履行感恩节最纯洁的使命时，却发生这样残酷的事。他在做上帝希望所有人都能做的事——给予他人，而且是默默给予。

然而，我错了。第二天早上，肯尼来了。他把指南针拿给马蒂看，激动地讲述着礼物从天而降的经过。马蒂只是一边听，一边笑着。当两个孩子说话时，我注意到马蒂没有像往常那样歪着脑袋，他似乎在用两只耳朵听。

几周后，医生的检验报告出来了——马蒂的左耳恢复了听力！

马蒂是如何恢复听力的，从医学的角度看仍是一个谜。医生猜测和电击有关。不管怎样，在那个下雨的夜晚发生了一个不折不扣的生命奇迹，而我会永远感激上帝与孩子交换的神奇礼物。

写作技巧 / Writing Skill

巧设悬念，充分表达文章主题：文章以悬念开始，再以出人意料的结局收尾，既展现了马蒂的善良，更升华了文章的主题。

爱的箴言 / Loving Speaking

小男孩马蒂的善良让人心生感动，他再次告诉我们：爱是给予。如果一个人心中有爱，并愿意对自己的朋友付出，那么在我们平凡的生命中，的确能够创造出不可思议的奇迹。

在嘘声中唱完一首歌

文/黄梅香

青春是一首歌，歌词中没有畏惧二字；
青春是一首歌，需要我们用坚持和隐忍来吟唱。

公司里年轻人多，哼上几句流行歌曲是一帮男同事的最爱。我也是一个追星族，对各种流行歌曲爱得欲罢不能。不过，我是属于那种五音不全的女孩子，只能在独处时将变调的歌儿唱给自己听。

最近，公司接待一位台湾来的客户。老总决定让所有人员倾巢而出，在市内最高级的歌厅给客户接风。出发之前，公司的男同事纷纷开始选取当晚的演唱曲目，大有“歌不惊人誓不休”的架势。当他们问我准备了什么时，我的脑子里一片茫然，因为我不想用唱歌来“献丑”。

台湾客户是一位年轻有为的男士，对公司请他去唱卡拉OK的安排比较满意。客户的嗓音非常棒，简直可以赛过巨星王力宏。

听到我的夸奖，客户顺水推舟地说："那黄小姐的歌喉一定像张韶涵一样出色。"我只好礼貌地说自己不善唱歌，还是听男同事们唱吧。

一帮男同事开开心心地放声歌唱后，连我们老总都上去试了一把。这时，所有的人都把期待的眼光转到全场唯一的女孩子——我的身上。我知道再继续拒绝显然是不合适的，于是，在申明自己五音不全会制造噪音后，我选了一首萧亚轩的情歌。

当我放开嗓音去唱的时候，我偷偷环顾四周，发现老总和台湾客户的眉头不经意地皱了一下。由于过度紧张，我这次的发音比以前任何一次都差劲。刚才还陶醉在曼妙音乐中的男同事们炸开了锅，有一位同事还口无遮拦地说："求求你别唱了，弄不好不知情的人还以为我们在虐待你呢。"说完，其他男同事一起哄笑开了，老总只得做了个阻止的手势。

伴奏还在继续，我不准备就此停下我的歌声。"请听我唱完这首

歌。”在被奚落后，我变得更加坚定。我知道我的歌不是当晚最好的一次表演，但是我要用我的坚持维护我的尊严。最后，只有台湾客户给了我掌声……

台湾客户离开的时候，留给老总一句话：“贵公司的黄小姐不卑不亢，能够坚持自己所追求的东西，我希望她能成为我们合作项目的负责人，希望老总成全。”

我出乎意料地得到了重用，而这一切只因为不会唱歌的我，在嘘声中坚持唱完一首歌。

写作技巧 / Writing Skill

第一人称叙事使故事真实可感：采用第一人称叙事法，由于文章中所写的都是叙述人的亲眼所见，亲耳所闻，或者就是叙述者本人的亲身经历，因此能使读者得到一种亲切真实的感觉。

爱的箴言 / Loving Speaking

一个五音不全的女孩子敢于在众人面前大声歌唱，靠的是青春无畏的勇气；而在嘘声中唱完一首歌，凭的是要维护自我尊严的坚持。有了勇气和坚持做伴，这样的人怎能不成功？尽情展现自己吧，不要在乎别人异样的眼光，让生命恣肆地张扬。

早安，朋友

文/帕蒂·威甘德［美］

一句“早安，朋友”消融了彼此之间的“冰雪”，创造了一个奇迹，原来，好心情的来临是如此简单。

我登上了南行的151路公共汽车，凭窗而望，芝加哥的冬日景色实在一无是处——树木光秃，融雪摊摊，汽车溅泼着污水泥浆前进。

单调的引擎声和车厢里闷热的空气弄得乘客们昏昏欲睡。谁都没作声。这是在芝加哥搭车上班的不成文规矩之一。虽然我每天碰到的大都是这些人，但大家都宁愿躲在自己的报纸后面。此举象征的意义非常明显：彼此在用几张薄薄的报纸来保持距离。

公共汽车驶近密歇根大道一排摩天大厦时，一个声音突然响起：“注意！注意！”

报纸嘎嘎作响，人人伸长了脖颈。“我是你们的司机。”

车厢内鸦雀无声，人人都瞧着司机的后脑勺，他的声音很有威严。

“你们全部把报纸放下。”

报纸慢慢地放了下来。我们把报纸折好，放在大腿上。

“现在，转过头去面对坐在你旁边的那个人。转啊。”

使人惊奇的是，我们全都这样做了。我面对的是一个年龄较大的妇人，她的头用红围巾包得紧紧的，我几乎每天都看见她。我们四目相投，目不转睛地等候司机的下一个命令。

“现在跟着我说……”那是一道用军队教官的语气喊出的命令，“早安，朋友！”

我们的声音很轻，很不自然。可是，我们像小学生那样，齐声对身旁的陌生人说了这四个字。我情不自禁地微微一笑，完全不由自主。我们松了一口气，知道不是被绑架或抢劫。而且，我们还隐约地意识到，以往我们怕难为情，现在这腼腆之情一扫而空。“早安，朋友。”说起来一点也不困难。有些人又说了一遍，也有些人握手为礼，许多人都大笑起来。

司机没有再说什么。他已无须多说。没有一个人再拿起报纸。车厢里一片谈话声，你一言，我一语，热闹得很。我听到了欢笑声，一种以前我在151路公共汽车上从未听到过的温情洋溢的声音。

公共汽车到了我要下车的那一站，我跟同座的妇人说再见，然后一跃下车。另外4辆公共汽车也驶进站来。这些车上未下车的乘客全都像石头那样坐着——默不作声，一动不动，和我那辆汽车上的乘客完全两样。

我心情愉快地开始了这一天，比平时的日子有了一个更好的开始。我回过头来看那位司机。他正在看后视镜，准备把车从车站开出。他似乎并不知道，他刚创造了一个星期一早晨的奇迹。

写作技巧 / Writing Skill

生动有趣的语言，形成轻松幽默的风格：“人人伸长了脖颈”“人人都瞧着司机的后脑勺”“目不转睛地等候司机的下一个命令”“全都像石头那样坐着”，作者用生动活泼的语言活化出乘客的动作和姿态，轻松中透着幽默。

爱的箴言 / Loving Speaking

“不要和陌生人说话”或许是大多数人信奉的哲学。这种处世哲学的结果是，人与人之间的关系冷若冰霜。其实，这世上还有其他的处世方式，一句轻声的问候，一个绽放的笑脸，便可以拉近彼此之间的距离，让对方感受到朋友般的轻松和温暖。生活本可以如此美好，为何不尝试一下呢？

珍藏的父爱

文/佚名

为了儿子的成长，父亲把一个秘密深藏了很多年。
只知付出，不求回报，这就是父爱的深沉和伟大。

里昂总认为瘸了一条腿的父亲是平庸的，他甚至不明白母亲为什么会嫁给他。他总觉得，父亲那条瘸腿带给自己的是耻辱。

一天，全市举行足球比赛，里昂是队里的主力，他非常希望妈妈能去观看，于是向妈妈发出了邀请。妈妈笑着说：“傻孩子，即使你不说，我和你爸爸也会去为你加油的。”里昂摇了摇头，说：“不，妈妈，我只想让您一个人去。”妈妈有些生气：“为什么？你嫌弃你爸爸？就因为你爸爸是残疾人？怕他给你丢脸？”

正在里昂不知如何回答的时候，他的爸爸走过来，说：“这几天我

出差，有什么事你们俩商量着办就行了。”比赛很快结束了，里昂所在的球队最终获得了冠军。在回家的路上，母亲很高兴，对里昂说：“要是你爸爸知道你们得了冠军，他也一定会很高兴的。”里昂沉下脸，对母亲说：“妈妈，这个时候我们不要提他好吗？”

母亲无法接受孩子这样的想法，于是生气地说：“你不可以这样对待你的爸爸，他不是一个平庸的人！”母亲缓和了一下情绪，接着对儿子说：“本来你爸爸不让我说这些事，可是现在我必须说出来。因为再这样继续下去，你会把你爸爸伤得更深的。你知道你爸爸是怎么瘸的吗？那是你两岁的时候，有一天你爸爸带你去公园玩，在回家的路上，你到处乱跑，这时有一辆汽车急驰而来，你爸爸为了救你，左腿被碾在了车轮底下。”听了母亲的话，里昂惊呆了，他没有想到自己一直鄙视的父亲竟是为了救自己才伤残了左腿。母亲接着说：“还有一件事，我也应该告诉你，你父亲就是布兰特，你最喜欢的作家！”里昂激动得跳了起来，说：“不可能！我不信！”“不信你可以去学校问问你的老师！”母亲说。

里昂一阵风似的跑到学校，向老师打听。老师回答他：“是的，你妈妈说的都是真的。你爸爸不让我们透露这些，是怕影响你成长。既然你现在已经知道了，那我不妨告诉你，你爸爸是一个伟大的人。”

两天后，父亲回来了。里昂问父亲：“你就是大名鼎鼎的大作家布兰特吗？”父亲愣了一下，然后笑着说：“我只是写小说的布兰特。”里昂激动地拿出一本书，递到父亲面前说：“那您给我签个名吧！”父亲停顿了片刻，然后拿起笔，在那本书的扉页上写着：赠里昂，生活其实比什么都重要。——布兰特

写作技巧 / Writing Skill

大量的侧面描写，使中心人物的形象更生动：文章的中心人物是父亲，但作者偏偏借助儿子的心态转变、母亲的转述、老师的回答等来体现，这就是侧面描写。这些侧面描写，对中心人物起到了烘云托月的艺术效果。

爱的箴言 / Loving Speaking

父爱是伟大而深沉的，无论曾经付出了多少，父亲也不曾提过半句。即使有时面对孩子的不理解甚至是否认时，他也不曾辩解或炫耀自己的付出。那份永远只会默默付出且从不计较得失的爱，便是父爱。

珍藏一生的优点单

文/海伦·P. 摩尔斯拉 [美]

若干年前的一份优点单，作为发起者的老师自己早已忘记，
但是在学生心中，它是最美好的回忆。

那时候我在缅因州的圣玛丽学校，马克在我教的三年级一班。他外表整洁，生性快乐，偶尔有些淘气。

但马克上课时爱讲话。我一次又一次提醒他，他总是态度诚恳地说："谢谢您纠正我！"让我不知怎么办好。一天上午，马克讲得太多了，我克制不住，对马克说："如果你再讲一句话，我就把你的嘴封起来！"

刚过了不到10秒钟，马克又讲话了。因为有言在先，我不得不付诸行动。我用两条胶纸在他嘴巴上贴出一个大大的"×"，然后走回讲台。我瞥一眼马克，他正朝我直眨巴眼睛。我笑开了。全班喝彩。我又

走到马克身边，揭掉胶纸。他说的第一句话是："谢谢您制止我！"

一个星期五，课堂感觉不轻松，学生们都有些灰心。我得赶快设法消除这种急躁情绪，于是要他们用两张纸，写下其他同学的名字，以及这个同学的全部优点，下课后交给我。

那个星期六，我做了这样一项工作：把别人写给那个学生的优点进行汇总，并写在一张纸上。星期一，我把每个人的优点单发给本人。不一会儿，我听到窃窃私语："真的？""没想到有人会这么喜欢我！"

这种做法很有效，学生们对人对己都恢复了信心。

若干年后，我一次度假回来，父母到机场接我。回家的途中，父亲告诉我说，马克在越南死了，明天举行葬礼，他的父母希望我能出席。

教堂里挤满了马克的朋友，爱戴马克的人们一个一个绕灵柩走一圈，洒圣水。葬礼之后，我和大部分的同学见到了马克的父亲母亲。

"我们要让您看一样东西，"马克的父亲说着，从口袋里掏出皮夹，"这是马克死时他们在他身上找到的，我们想，您认得它。"

打开皮夹，他小心抽出显然是马克随身携带的、曾经打开折合过许多次的两张笔记本纸。我一眼就认出是全班同学列出的马克的优点单。

“非常感谢您费过这番苦心，”马克的母亲说，“正如您看见的，马克视若珍宝。”

马克的同学开始围上来。查克显得忸怩不安，笑着说：“我一直保存着我那一份，放在家里桌子最上层的抽屉里。”“我的也还留着。”玛里琳说。接着，另一位同学维基取出全班同学写给她的优点单，“我随时随地带着它，”维基说，“我们都保留着我们的优点单。”

我一下子跌坐下来，哭了，我哭马克，哭所有的朋友们再也看不见马克了。

写作技巧 / Writing Skill

以人物为线索，贯串全文：马克是贯串全文的线索，文章通过他的出现，将老师、学生、优点单等人与物联系起来，使文章成为一个有机联系的整体。

爱的箴言 / Loving Speaking

一份优点单，让学生们找回了自信，并对他们的一生产生重要的影响。一个好的老师，他会在我们迷茫时为我们指点迷津，在我们悲伤时听我们倾诉，在我们消沉时为我们打气。这样的老师让学生铭记一生，感恩一生。

知遇之恩

文/严丽萍

恩师意味深长的话语闪烁着智慧的光辉，
温暖了那个冬日的早晨，影响了她的一生。

已是很多年过去了，生命里的那个早晨仍然不断地回到我的梦中。

那时我读中学三年级。为了考取理想的学校，我废寝忘食地沉浸于书海中，几乎忘记了时间。晚修是10点钟结束，而我和一些同学常常赖在教室里不肯走。年级组长是我们的语文老师，是那种不怒而威的人，但他很理解我们，常常叫那管铁闸的人先回去，而他总是耐心地等我们全部离去后才锁好铁闸回去。

那个冬夜虽然寒风劲吹，但我仍然迟迟不愿意离去，为一道几何题苦思冥想。正入神之际，耳边传来粗重的敲门声。循声望去，原来是掌管这座教学楼闸门开关的人。他不耐烦地说："快走！要关门了！"我"哦"了一声，没太在意，我不知道当夜年级组长有事先走了。几分钟后，我听到了一声巨响，是关铁闸的声音。我突然醒悟过来，整座大楼只剩下我一个人了。我连忙急奔下楼，慌乱中大叫开门。过了一会儿，锁门人不知从什么地方出来了，他面露愠色地说："你只管乱叫，没人会给你开门的，我早就看不惯你这种人，常常赖着不走，你以为你是谁？"然后拂袖而去。我呆在铁门前，全身发冷，泪水无声落下。后来惊动了宿舍管理人员，他找到年级组长，拿来钥匙开了门……

第二天早晨，年级组长把我叫到了办公室，我含着泪把昨夜的事对他说了。听完我的诉说后，年级组长没有安慰我，也没有指责那个把我锁于门内的人，而是对我说了这样一段话。他说："在每个人漫长的生命旅程中，均会不断遇到三种不同的人，他们交织在你的工作、学习、生活和情感中。第一种是欣赏你、理解你、器重你的人；第二种是曲解

你，与你产生分歧，甚至中伤你的人；第三种是与你互不相干的人。第一种人对你有知遇之恩，你可以与之为师为友；第二种人给你伤害，你只需远离他，而不必与他计较，更不该为此而苦恼；第三种人与你无关痛痒，你大可与之和平共处，以礼待之。一个人不可能被所有人接纳，更不可能被所有人包容。你必须悦纳自我，而后宽恕那些伤害过你的人。明白此道理并坚持这样做，你的人生就会平和一些，你的痛苦也就会相对少一点。”

此后经年，在我不无挫折的人生路上，恩师当年的话得到了极好的印证。那个冬日的早晨，虽然寒冷，但我感到了温暖和幸福。那些意味深长的话语深深地影响着我，教会我以一颗平常之心去面对浮沉的人生。

写作技巧 / Writing Skill

开篇简洁，开门见山：文章首段只有一句话，寥寥数字即点明本文是一篇记叙文，即将以倒叙的方式展开故事的叙述，开篇之语言简意赅，简洁有力。

爱的箴言 / Loving Speaking

与我们相比，老师有丰富的生活阅历和为人处世的经验，因此，除父母长辈外，老师是另外一些可以为我们解答困惑的人。成长的烦恼、信念的动摇、与人相处时的不适……这些问题都可以向老师请教。当你向他们敞开心扉，相信他们也必定会耐心为你解答，助你走出困境。

只是因为

文/辛蒂·维斯［美］

播种爱，就是播种快乐，朋友因感觉被爱而快乐，
自己因施与爱而快乐，我们都在享受友爱的果实。

几年前，我因病在医院住了一个月。住院期间，同事们分担了我的工作，不时来探望我，送我鲜花、卡片，鼓励我早点康复。而当我出院回到公司上班时，更是受到他们热情的欢迎，当我复查时他们也依然很热心地帮助我。他们对我这么好，我决定要好好地谢谢他们，以表达我的感激。

一天中餐的时候，我来到我最喜欢的花店，买了摆在橱窗里的一束美丽的花。我要老板帮我送给我住院时特别关照我的一位同事，且在卡片上写着“只是因为”，却不署名，并请求花店老板为我保守秘密。

当我精心安排的花送达时，我同事的脸上看起来容光焕发。那天下

午办公室里更是显得兴奋异常，每个人都很好奇她的爱慕者是谁，而只有我独自在一旁很开心。

隔天中餐时，我又安排送花给另一位和蔼可亲的同事，并且同样只在卡片上留下“只是因为”几个字。而第三天，我继续如法炮制地送第三束花给另一位同事。

谁能想得到一束花所带来的魔力啊！我制造的迷雾让我的同事纷纷打电话向花店询问送花者是谁。但是，花店老板守口如瓶，始终没有透露半点口风。

偶尔间，我听到一位男同事说：“男人不喜欢花——真庆幸我没有收到任何一束花。”隔天，我的那位男同事便收到了一束花及同样写有“只是因为”的卡片。而当此事发生时，他的脸上因荣耀感而涨得鼓鼓的，衬衫的扣子几乎都快被撑破了。

送花的行为继续让办公室充满快乐的气氛。每一天，同事都在等待着我安排送来的花，且挑选下一位收到“只是因为”卡片的接收者。随着弥漫在我们部门的欢乐及好奇也散播到了其他的部门时，喜悦溢满了

我的心，因为“只是因为”所带来的喜悦，让所有的人都感受到了快乐和被爱，而这件事整整持续了3个礼拜。

最后一次的“只是因为”的花束被送到一个全体员工的会议上，我写上了对部门里的每一位同事的致谢，也揭开了那位只写“只是因为”的爱慕者的谜底。彼此关爱和关心的感觉一直在我们的部门发酵了好一阵子。我永远都不会忘记同事们收到“只是因为”卡片和花束的特殊礼物时脸上所泛的笑容，没有一件事能比得上他们回馈给我的和善与喜悦使我更感欣慰。

写作技巧 / Writing Skill

以物为线索，结构清晰：“只是因为”的卡片及鲜花从篇首贯串至篇末，将感恩同事的一个个小片段缀连起来，把故事演绎得温馨动人，做到了文章中心明确，脉络清晰。

爱的箴言 / Loving Speaking

播种爱，回馈爱，爱心在你我之间传递，暖流在你我心间流淌。人与人之间不应是冷漠的关系，同事间彼此关爱，同学间相互关心，你或我的任何一次善意之举都能让我们的社会更加充满温情。

周一下午的素描课

文/佚名

她用宽厚包容学生的不敬，她用爱心融化学生心中的坚冰，
她用鼓励树立学生的自信，她用慧眼发现学生的才能。

我9岁那年，母亲离开破产的父亲嫁给了一位富商。父亲一蹶不振，我则成了实实在在的弃儿。

新来的班主任罗妮是一个20岁的大姑娘，虽然她笑容亲切，但我对她有种天生的抵触情绪：她的样子跟我妈妈太相似了！

四年级时，班上来了个叫汉姆的素描老师。自我介绍后，汉姆老师在黑板上画了一个歪着嘴巴嚼着口香糖、跷着二郎腿的女孩。全班同学一起把目光投向我。汉姆看着我说："这个女孩很特别，有一种成熟的忧伤和纯真！"

对一个12岁的女孩来说，被别人这样夸奖是一件多么自豪的事情。我坚信，再没有人比他更了解我。我决心好好练习，并因此不分时间场合地学习素描。很快，我的素描在班上已无人能比。

然而，一个下午，我却在一家商场发现了汉姆老师和罗妮老师亲热地牵着手。我跑回家，大哭一场。为什么美好的东西都会被别人抢走？

第二天下午是罗妮老师的历史课，我拿出一张纸开始作画，我要把罗妮画成丑八怪：腰和臀一样粗，胸部袒露在外，笑容恐怖……尽管罗妮老师身材高挑、笑容灿烂。画完后，我在下面写上“罗妮女巫”。接着，我又在“女巫”右边勾画汉姆老师的样子：深邃的眼睛、修长的腿……画完后，我在汉姆的画像下虔诚地写下“汉姆王子”。

当我抬起头时，罗妮已经站在了我的身边。我低下头，画像轻轻地从我的桌子上飘到罗妮的手中。

“南希，你能把自己画得这么惟妙惟肖，证明你一定能成功！”罗妮老师清脆的声音自前方响起。同学们吵着要看我的自画像，罗妮却说要请汉姆老师给这幅画打完分再给他们看。我无地自容，我把她画得这

么丑，她居然还在同学们面前维护我的自尊。

周一的素描课，汉姆老师举着一张素描纸说："南希的素描又是最棒的！"我看见了纸上的女孩：头高高地昂着，长发随风飘起，脸上充满幸福和自信。画像写着"南希自画像"。我将头埋得低低的。

后来我才知道，原来是罗妮老师为我画了像，并且什么都没跟汉姆讲。其实，最了解我、最关心我的是我一直讨厌的罗妮老师……

多年后，我已是纽约有名的素描画家，而13岁的那个周一下午，让我感到自己不再不幸，也不再是一个人，而且，我知道了学好素描的同时也要学会做人。如果每个曾经受到伤害的孩子都能遇到罗妮那样的好老师，那么他们的人生也一定会美到极致！

写作技巧 / Writing Skill

简笔勾勒人物外貌，揭示其性格特征：作者抓住两位老师的外貌特征分别作了描写，既与题目中的"素描"一词相吻合，又刻画了人物灵魂。

爱的箴言 / Loving Speaking

面对青春期的叛逆和桀骜不驯，老师用宽容的爱温暖了女孩的心。老师的爱是化解对抗的最好良药，它让我们懂得自珍自爱，让我们走好人生旅程的每一步。

祖母的硬币

文/佚名

祖母给予我的鼓励和爱心，
全都藏在那些闪闪发亮的银色硬币中。

儿时的我经历了一场特大暴风雪，这就是后来被称为“哥伦布纪念日的暴风雪”。那时，室内冷得像个冰窖。我蜷缩在棉衣里，挨着哥哥、姐姐坐在客厅，等着父亲把壁炉烧得更旺。父亲往炉膛里塞进了足够多的木柴，火苗便热烈地跳跃起来。父亲刚一转身，我们这些孩子便一拥而上，紧紧地挨着壁炉站着，期望能快些暖和起来。我烤暖了身子，伸出手，想试试火有多烫时，一个火星突然蹿出炉膛，落在我的棉衣上。仅仅是一瞬间的工夫，火星便点燃了棉衣，大火熊熊燃起……

醒来后，我发现自己正躺在医院里。母亲告诉我，我属于三度烧伤，左腿后侧的皮肤被大面积烧毁。连续数月躺在医院，每天都缠着厚绷带，那实在是我所经历的最痛苦的事。不久，我动了手术，臀部的一些皮肤被移植到左腿上。不幸的是，经验丰富的医生预言即使我康复了，左腿也会比较僵硬。“很可能，这个孩子会成为瘸子。”医生惋惜地说。母亲听完，痛哭失声。

身体的剧痛使正常行走也变得不可能，我整天躺在床上，心灰意冷。就在这种状况下，祖母来到了我的身边。

祖母住在镇上，而我家位于乡村。她每天都驱车来探望我，之后连夜返回镇上，从来没落下一天。祖母靠政府的救济金过活，可以说是非常穷，来来往往的汽油费她都得省吃俭用挤出来。

祖母根本不相信我不能正常行走的预言，她日复一日地鼓励我，甚至是哄骗我进行康复计划。

一天，在练了一上午行走后，我打算放弃了，自言自语：“我再也不想练走路了。”祖母走到我身旁，拿出许多面值不等的硬币，一共是2角5分。那不是一点点、一小把，而是一大兜。2角5分的硬币，对于当时的一个小孩来说，是一大笔财富，这意味着一堆诱人的糖果。祖母挨着我的身子坐下，将这些发亮的硬币放到她的膝上。我从未见过这么多的钱，兴奋不已。这时，祖母说：“只要你站起来，我就给你一枚硬币。”我非常想要硬币，于是，尽管腿很疼，我还是尽量站起来。祖母的脸笑开了花，她将一枚崭新的硬币放在我的手心。我立即坐下，因为腿上受过伤的肌肉被牵拉着的感觉实在很难受。祖母望着我的眼睛，鼓励我：“我还有许多硬币呢！孩子，咱们再来一次，来，站起来！”我又站起来，又一枚奖赏的硬币放在了我的手心。

就这样，从祖母那儿赢硬币的游戏持续了几个月。祖母信心十足：我的左腿将不再僵硬，她的孙女是不会瘸着一条腿走路的。一天，我问祖母：“如果您的硬币都用完了，那可怎么办？”祖母回答：“别担心，孩子，我把全世界的硬币都为你攒着呢。”

整整一年，我都在家进行康复训练。终于，我能走得很好了，既不僵硬也不瘸。主治医生对我恢复走路这件事很是惊讶，他评价道：“我治疗了这么多烧伤病人，还没见过能恢复得这样完好的。”

直到我的祖母去世，我也逐渐长大后，我才意识到祖母给予我的“礼物”是多么丰厚。“祖母希望你能和别的孩子一样的健康、完美无缺。”母亲告诉我。“可是，”我问母亲，“祖母那么多的硬币是从哪里来的呢？”“我想，那都不是她的。”母亲说。

这些年来，我时常想起祖母，她曾给予我的鼓励和爱心，全都藏在那些闪闪发亮的银色硬币中。

写作技巧 / Writing Skill

巧妙运用“留白”，加深文意：“祖母那么多的硬币是从哪里来的呢？”文章没有给出明确答案。读者可自由发挥想象力：祖母借来的？全家人攒起来的？实际上，问题的答案并不重要，祖母的爱心才最重要。

爱的箴言 / Loving Speaking

一枚枚硬币，换得了“我”的重生，见证了一位慈祥老人对子孙的百般怜爱。我们能得到亲人如此的关爱和眷顾，真是三生有幸。想一想，幸福是什么？和亲人相濡以沫，有他们拳拳相教，就是最幸福而浪漫的事。

图书在版编目(CIP)数据

小故事大道理全集 / 邢卓主编. 一成都：天地出版社，2017.4（2021.12重印）
（悦读库）
ISBN 978-7-5455-2504-5

Ⅰ. ①小… Ⅱ. ①邢… Ⅲ. ①故事—作品集—世界
Ⅳ. ①I14

中国版本图书馆CIP数据核字（2017）第026346号

XIAO GUSHI DA DAOLI QUANJI

小故事大道理全集

出品人	杨　政
主　编	邢　卓
责任编辑	陈文龙　周小彦
责任印制	董建臣　张晓东
出版发行	天地出版社 （成都市槐树街2号　邮政编码：610014） （北京市方庄芳群园3区3号　邮政编码：100078）
网　址	http://www.tiandiph.com
电子邮箱	tianditg@163.com
经　销	新华文轩出版传媒股份有限公司
印　刷	水印书香（唐山）印刷有限公司
版　次	2017年4月第1版
印　次	2021年12月第6次印刷
开　本	720mm×1020mm　1/16
印　张	15.75
字　数	252千字
定　价	25.00元
书　号	ISBN 978-7-5455-2504-5

咨询电话：（028）87734639（总编室）
购书热线：（010）67693207（营销中心）

如有印装错误，请与本社联系调换。